U0295775

48个一至三岁育儿指南

成长里程碑

Agnes Chan

陈美龄 著

上海三联书店

目录

导言   7

第一章　了解面前的孩子

1 无限的可能性   24

2 小心受伤   26

3 糟糕的两岁   27

4 挑战界限   30

5 教孩子守规矩   33

6 给孩子任务   35

第二章　提高孩子的智能

7 鼓励孩子问问题   40

8 让孩子选择   41

9 假装游戏的好处   43

10 强大的词汇   45

11 建立良好的阅读习惯   48

12 教孩子文字   51

13 培养孩子说多种语言   52

14 让孩子指出你的错误   55

15 引导孩子自己解决问题   57

16 锻炼记忆力   59

17 为孩子的生活创造惊喜   61

第三章 培养同理心

18 引导孩子关怀他人   64

19 "请"和"多谢"   65

20 带孩子到博物馆、美术馆、动物园、水族馆   68

21 接触自己的文化   70

22 让孩子感受季节的变迁   72

23 一起养育动植物   74

24 教孩子欣赏音乐   76

25 培养孩子的幽默感   79

26 接受差异   81

27 为孩子建立友谊   83

28 不让孩子孤独   85

第四章 要小心的事项

29 不要只说不可以　　　　　　　　90

30 不要骂，更不要动手打孩子　　　93

31 危险的手机保姆　　　　　　　　95

32 关注照顾者的道德观念　　　　　96

33 不要用物质奖励孩子　　　　　　99

34 不要追求结果　　　　　　　　　101

35 不要教孩子用金钱换取娱乐　　　104

第五章 幼儿期的基本疑问

36 什么时候离乳?　　　　　　　　108

37 教孩子自己上厕所　　　　　　　111

38 开始为孩子储蓄　　　　　　　　113

39 可否将孩子交给老人家带?　　　114

40 什么时候让孩子一个人睡?　　　116

41 要上兴趣班吗?　　　　　　　　118

42 什么时候多生一个孩子?　　　　120

43 为你不在的时候做准备　　　　　123

第六章　创造快乐家庭

44 做孩子的啦啦队　　　　　　　　　　128

45 和孩子一起画画　　　　　　　　　　130

46 爸爸的角色　　　　　　　　　　　　132

47 让孩子理解你的工作　　　　　　　　135

48 创造一个不会完结的故事　　　　　　136

导言

身体及脑袋的成长

联合国儿童基金会指出，对儿童成长最重要的时期，是母亲受胎之后的一千日。

也就是说，从妈妈怀孕到孩子两岁半左右，是最重要也是最脆弱的时期。在这段期间，我们需要全力保护母亲和儿童，让他们有一个安全和充实的成长过程。

零至一岁是婴儿期，一至三岁是幼儿期。英文称这个成长期的儿童为"Toddler"，意思是开始走动的小朋友。

一至三岁的小朋友，身体、智能、心理的成长速度惊人，每天都会有显著的变化。家长就像每天都会面对一个不同的孩子，所以必须有足够的心理准备和育儿知识，才能随机应变、充满信心地带孩子。孩子在这段时间中的生活，会影响他们一生。父母要抓紧这个成长黄金期，为孩子全方位建立一个牢固的基础。

这本书希望能为这段期间的幼儿父母及照顾者提供一些数据，帮助他们在育儿过程中过得更轻松和快乐，同时希望他们利用书中的知识，为孩子们提供最佳的成长机会和环境。

幼儿期的小朋友，又勇敢又忙碌。

因为什么事对他们来说都是新鲜事——包括自己的身体、自己能做到的所有事。对他们来说，这期间是持续不停的突破。每学会一件事，脑袋里都会分泌出快乐荷尔蒙，令他们感受到学习的欢乐。但如果每当他们学会一件事，身边人的反应都是负面的话，孩子就会变得怕事，凡事都会看人脸色；如果孩子做出了非常危险的事，旁边的人又没有好好教导他们，就会令他们建立坏习惯。

所以在这段时间的育儿是比较敏感的，也需要衡量轻重。太重会让孩子的自我肯定能力下降，太放松又会令孩子不能明辨是非。

从一至三岁，孩子的脑袋会开始成长，开始有回忆、会语言、会思考和有分辨能力。他们会模仿他人的动作，探索周围的世界，也会开始反叛，有自己的主张。他们会不停问你问题，也会走来走去，坐不定，一不高兴就会大声表达。很多父母都觉得这个年龄的小孩子是最难教导的，但其实这是教育孩子最重要的两年。你在这两年如何对待孩子，会影响他的一生。

·身体的成长

婴幼儿的成长速度是惊人的，一岁时的体重已经能达到出生时的三倍，之后成长才会慢下来。

孩子会从一至两岁之间增加大约五磅[①]，长高四至五英寸。两岁时的身高将会达到成人的一半。男孩会比女孩重大约一磅，身高则不会有很大的差别。两至三岁的孩子会平均增加四至五磅，增高两至三英寸。但从两岁开始，个人差别会明显化。

	2 岁		3 岁	
	男孩	女孩	男孩	女孩
平均身高	34 英寸	33.5 英寸	37.5 英寸	37 英寸
平均体重	28 磅 11 盎司	26 磅 11 盎司	31 磅 12 盎司	30 磅 11 盎司

孩子的身高和体重只要在平均数值前后，应该是没有问题的。但若是有很大差距的话就要注意，去寻求医

[①] 编者注，本文的计量单位为英制。

生的意见。

除了身高体重之外，孩子的身形也会从婴儿时比较短手短脚，变得更加适合站着走动。小肚子开始变平，肌肉也开始成长，看起来不再是婴儿，而是幼童。

这个时候你的孩子会开始走路，也会开始爬楼梯、慢跑。他可以拉着玩具一起跑，会开始自己脱衣服，用杯来喝饮料，用调羹来吃东西，等等。

·脑袋的成长

零至一岁的孩子，脑袋会成长一倍；到三岁为止，脑袋已经完成了一生中八成的发育。

新生儿已经长好了一生的脑细胞，但脑细胞的多少不是关键，脑细胞与细胞之间的连接才是最重要的，这就是所谓的"突触"。在这时期的孩子，每一秒会有一百万个突触的成长。

三岁的孩子，脑袋已拥有之后基本能做的事的全部功能。

幼儿的脑袋是很敏感的，特别易受环境的影响。这个时期要注意的是脑袋的"可塑性"，可塑性就是没限制的成长和变化。孩子脑内的突触不断增加，脑袋越来越灵活，不断吸收新事物。但若孩子在这期间得不到丰富的经验和与人接触的机会，用不到的突触就会消失，那么小朋友脑袋的可塑性就会减弱。譬如小时候只听一种语言，长大之后学其他语言时，就会有口音。但若小时候已经接触多种语言，脑袋对其他发音有印象，长大之后学其他语言，不但会比较容易，而且不会有口音。

所以，我们要为幼儿期的孩子构筑一个基础巩固的脑袋。脑袋的成长就像建房子一样，没有巩固的基础，就不能建造一座理想的建筑物。若有坚实的基础，那么当孩子继续成长时，在各方面都会稳定很多。

一至三岁的里程碑

一至三岁的孩子能够做到很多事情，让我们来看看这时期的里程碑。

	一岁	一岁半	两岁	三岁
社会和感情	·会拿书来，要求你读给他听。 ·当父母离开时会哭。 ·对陌生人会抗拒。 ·换衣服的时候会伸出手脚协助你。 ·会有特别喜爱的玩具。 ·会用声音引人关注。	·喜欢把东西交给别人。 ·有时候会发脾气。 ·会对陌生的人感到惊慌，但对熟悉的人会表达爱意。 ·会玩简单的扮演游戏。 ·遇到新环境的时候，会倚靠着照顾者。	·喜欢模仿别人。 ·见到其他小朋友会非常高兴。 ·开始更自立，也会反叛，故意做你叫他不要做的事。 ·开始和其他小朋友一起玩耍。	·会模仿大人和朋友的举动。 ·会对朋友表达好感。 ·愿意排队玩东西。 ·在朋友哭时，会关注朋友。 ·能够明白这是"我的"，这是"他的"。 ·会表达很多种情绪。 ·离开爸爸妈妈时，没有那么抗拒。 ·能够自己换衣服。

	一岁	一岁半	两岁	三岁
语言	·会挥手踢脚，引你注意他。 ·会说"爸爸""妈妈"等简单的词语。 ·胡言乱语般的发音，慢慢开始像有意思的句子。 ·会明白简单的指示。 ·会跟着你说话。	·可以说几句话，也会点头或摇头表示好与不好。 ·会明白简单的指示。	·会记得旁边的人的名字。 ·可以说短的句子。 ·会知道如何去做你叫他做的事。 ·会模仿别人说的话。 ·看书时会指出书中的内容。	·能够明白比较复杂的指示，譬如打开冰柜，把鸡蛋拿出来，然后交给爸爸等等。 ·知道更多东西的名字。 ·能够明白什么是"里面""上面""下面"。 ·能够说出自己的名字、岁数。 ·能够叫出朋友的名字。 ·会讲"我们""他们""你们"等等。 ·说话时会很清楚，能够和人谈话，能连续说两三句句子。

	一岁	一岁半	两岁	三岁
智能	·会模仿他人的句子。 ·会把东西拍在一起制造声音。 ·可以用杯喝水。 ·可以找到被藏起来的东西。 ·能够明白一些东西的名字。 ·可以把东西放进容器，或从中拿出来。	·会知道普通东西的用途，譬如冰箱里有吃的，电话是和人说话的，等等。 ·会知道身体各部分的名称。 ·可以用笔在纸上乱画。	·能分辨出形状和颜色。 ·可以说出完整句子，甚至背一些书中的句子和诗词。 ·可以和你玩扮演游戏。 ·可以叠四至五块积木。 ·明白两个阶段的复合指示，比如脱下鞋子，然后去洗手。	·手指开始灵活，可以玩比较复杂的玩具。 ·可以完成简单的拼图。 ·明白复数。 ·可以画圆圈。 ·可以一页一页翻书看。 ·可以打开瓶盖或开门。
动作	·开始走路。 ·可以自己坐下来。 ·可以站起来。		·可以用脚尖站着。 ·可以踢球。 ·可以跑，可以爬高爬低，扶着扶手可以自由上下。	·能很稳地爬高爬低。 ·可以骑三轮车。 ·可以一个人不用扶手上下楼梯。

	一岁	一岁半	两岁	三岁
食物	·可以吃很多种类的食物，如蔬菜水果。 ·可以自己一个人吃饭。 ·可以咀嚼食物。			

虽然说是成长的里程碑，但每一个小孩子的成长速度都不同，所以不用太担心。但如果孩子迟迟不说话，叫他也不回头，或者不懂得自己站起、坐下的话，就应该带他去看医生。我鼓励家长定期带孩子接受检查，如每六个月左右，让医务人员评估孩子的成长是否正常。

以上，我们了解过孩子基本的成长指标，那么当家长的如何帮助孩子在这期间营造最好的发展环境呢？下一节，首先谈谈最基本的三件事。

最基本的三件事

·睡眠

一至三岁的小朋友，需要每日九至十一个小时的睡眠。有充足睡眠的小朋友才会健康快乐，可以充满信心地学习，不容易哭，情绪平稳。若是晚上睡不了太长的话，要给孩子充足的午睡时间。

孩子需要有一个他喜欢的睡觉环境。有些小朋友怕热，有些怕冷，所以他们的睡衣、被铺等等，都要适合各自的体温。

有些小朋友喜欢和大人一起睡，有些喜欢一个人睡。若孩子是一个人睡的话，你需要小心注意孩子的状态。例如有没有做噩梦？有没有撞到头？有没有哭？等等。

孩子要求和大人睡，并不是一个大问题，同房睡或是同床睡都可以。以前有些专家认为，不分房睡就不能培养自立的孩子，但近年的研究表示这是没有根据的，孩子跟大人睡觉，对他们的自立没有影响。

有些孩子贪玩，往往不肯睡觉。有什么方法呢？

最好的方法，就是制定一个睡前的固定程序，形成习惯。比如每天睡前都给孩子读绘本，孩子看完绘本，就会想睡觉。或睡前给孩子唱摇篮曲，他听到你的歌声，就会想睡觉。或是睡前一定洗澡、换睡衣，习惯后，孩子就会知道洗完澡是睡觉的时间。如此这般有一个程序的话，孩子慢慢就会知道：差不多时间要睡觉了。他的脑袋会有所指示，不知不觉就会乖乖睡着。

·运动

睡觉和运动有很大关联，运动不足的小朋友，往往睡眠也不好，所以小朋友每天都需要有充足的运动。专家认为每天至少需要有三个小时的运动，最理想的是在户外进行。无论夏天或冬天，接触大自然都是好事，在外面玩耍，对儿童的成长有很好的影响。这个时期的小孩子应该是坐不定的，家长应该鼓励孩子多走动，而不是让他们乖乖地坐着玩玩具。

我有一位朋友，他时常背着一岁多的孩子，即使放下来也只是让孩子在婴儿床上活动。所以孩子已经差不多两岁了，走路仍然不稳，晚上睡不好，食欲也不够，比起其他小朋友更瘦弱。

背着孩子是可以的，但一定要每天给孩子有足够的运动，让他们锻炼身体，增长肌肉，辅助脑袋的成长。让他们吃得好、睡得好，才是培养健康孩子的方法。有工作的妈妈，可能每天要下班之后才能够见到孩子。我鼓励黄昏也好，晚上也好，带孩子到外面走走，寻找一个他可以安心跑来跑去的地方，比如邻近的公园，或没有太多人的街头。不要把孩子整天困在屋内，因为孩子需要空间成长。周末带孩子接触大自然，例如爬山，到沙滩玩水，让孩子的眼睛不是单单看着天花板，而是接触广阔的天空、无际的海洋。

我时常会在晚上带我的孩子到公园，看星星，望月亮，踢球，寻找花朵，或只是手拉手散步。回家之后，帮他们洗个澡，他们就会睡得特别甜。周末，我们会一家人去钓鱼，到公园野餐，骑三轮车，有时也会去游泳等等。当然到商场逛逛或去游乐场，也是享受天伦之乐的好方法，但一年三四次就够了，其他时间带孩子多看看不同的东西吧，比如乘电车、搭小轮船，到不同的地区看看。今天去邻近的公园，明天去远一点的公园；今天早上看海景，下个星期晚上看夜景。用你的想象力，带孩子接触千变万化的环境。让孩子多些活动，不但能够令他们身体强健，也会帮助他们的脑袋变得更灵活、充实。

·饮食

给孩子有营养的饮食是育儿的基础。碳水化合物给孩子能量，蛋白质给孩子力量，蔬菜水果给孩子优质的维他命，帮助他们成长。

这个时期的孩子开始可以吃很多种类的东西。家长可以慢慢摸索孩子喜欢吃什么，不喜欢吃什么，尽量让孩子尝试各种不同的食物、不同的味道、不同的颜色、不同的种类。很多时候家长会喂小朋友，但我鼓励家长让小朋友自己吃饭。不管用手或用餐具都可以，让他们用自己的方法、自己的节奏吃饭，这对小朋友来讲是一种挑战，也是一种享受。若孩子要依靠别人把食物放进他们口里的话，吃饭就变成是一件任务、一件必须要做的事，而不是一件好玩和享受的事。为了培养孩子对食物的兴趣、选择食物的智慧、对吃饱的自觉，让他自己吃饭是很重要的。让孩子学会衡量什么是"吃饱"，是训练他们不会过度饮食的好方法。孩子自己吃饭，可能一次吃得不多，家长可以增加用餐的次数。

这个时期的孩子需要吸收各种营养，所以尽量不要让孩子吃素。若真的要吃素，就必须注意补充孩子的蛋白质、脂肪和其他营养，否则对身体和脑袋的成长都会有影响。

从这个时期开始，要避免给孩子吃零食或有添加剂的食品。不要吃太咸，也不要太甜。最理想的是吃天然的食物，也就是说，吃肉就用肉，不用香肠等加工肉类；吃鱼、吃水果、吃蔬菜等，也尽量用新鲜食材，不用罐头或冷藏食品等。

选择奶粉的时候要小心，不要选择含有反式脂肪的奶粉。有很多食物都含有反式脂肪，这对小朋友的身体有害，应尽量食用自然的脂肪。

不要让这时期的小朋友接触甜味的饮料。让他们习惯多喝水、牛奶和新鲜果汁等天然的饮料。因为经过加工的甜味饮料会增加肥胖的可能性，而且过量的糖分会增加身体发炎的机率，小朋友容易发炎的话就容易生病，病了也难康复，就不能有健康的生活。

我鼓励家长不要和小朋友分桌吃饭。餐桌是培养亲子关系的好地方，一边吃一边谈话，让孩子感受到和家人吃饭的乐趣，也可以鼓励他们参与谈话，提升他们的IQ和EQ，训练聆听力、理解力和发表意见的能力等等。最重要的是让孩子知道，吃饭不只是填饱肚子的行为，而是享受天伦和人生的时间。

这个时期的小朋友因为好奇，往往喜欢把东西放进嘴里，试试是什么味道，是软是硬，等等。家长要小心留意，别让孩子什么都随便放进嘴里，因为那些东西可能带有毒性，有时更会令孩子噎到甚至引起窒息。

探讨完最基础的三件事，从下一章开始，我们继续看看有什么方法可以帮助一至三岁的小朋友健康成长。

第一章

了解面前的孩子

1　无限的可能性

这个时期的孩子会开始养成自己的喜好，也有不喜欢做的事。家长看到孩子喜欢在纸上画画，就觉得孩子一定有绘画天分，但这其实是未必的。因为这个时期的孩子，正在尝试各方面的能力，所以可能今天埋头做一件事，明天又做另一件事。家长不用太着急，应耐心观察，孩子究竟有多少爱好，有哪些值得特别去培养，不需要立刻决定"这孩子将来是画家／歌手／科学家"等等。当然，有些小孩子在一至三岁期间已经懂得弹琴，或者掌握了其他技能，但那都是比较特别的例子。让孩子接触各种不同的事情，让他们试试自己的能力和喜好，慢慢找到自己的特长和喜欢做的事，才是事半功倍，一定会做得很好。

最要小心的，就是不要逼孩子做"你希望他做的事"，而是让他做"他喜欢做的事"。我有一位朋友，因为希望孩子拉小提琴，所以从两岁半就让他学习。小朋友不喜欢，但为了让妈妈高兴，很用心去学习，成为了学校乐队的成员。但他在初中毕业那天，就发誓不再拉小提琴，因为其实一直都不喜欢，不能想象在高中再花时间做自己不喜欢的事。回家之前，他把小提琴丢进垃圾桶了，回家后被妈妈骂得很厉害，小朋友痛哭几天没有吃饭，觉得妈妈不理解他。妈妈后来后悔了，向孩子道歉，孩子说："妈妈，若你没有逼我拉小提琴，可能我会找到另外一个爱好。现在已经太迟了！"妈妈听了这番话，非常难受。

我们都不希望看到这种情况，所以要和小朋友好好商量，究竟他们喜欢或不喜欢什么。小朋友有很多可能性，要是我们逼他们做一件不喜欢的事，可能就会埋没了他们原本的天分。很多小朋友根本不知道自己喜欢什么，所以要让他们有多一点尝试机会。

这时期孩子的脑袋还在成长，正是前面也谈过的"可塑性"。但要谨记，小朋友的人生是他们自己的人生，不是家长理想中的人生。要让小朋友当他们人生里的主角，幼儿拥有无限的可能性，不必急着决定他们的未来。

2　小心受伤

这个年龄的小朋友非常大胆，什么都想尝试，因为他们不知道危险在哪里。所以家长或照顾者要不时关注小朋友，不可以让他们乱跑，同时也应该提供一个安全的环境让他们可以探险。这个时期的孩子会跌倒，会撞到头，也会受伤，尽量不要让他们遇上太大的意外，防止他们做太危险的事。例如他们看见楼梯就会爬上爬下，如果不小心看管，任由他们自己一个人玩，一不小心可能会从楼梯顶掉下来。又例如孩子会在街上乱跑，你一定要提醒他们小心，不能跑得太快，否则车子来的时候，来不及闪避，就会发生悲剧。在公园玩也要小心，攀爬时不要掉下来，玩滑梯的时候也不要太快。小心走路，留意路面，不要被石头杂物绊倒。不可以碰火或者太烫的东西，不要丢玻璃的器具，等等。孩子看到风扇就想把小手指伸进去，看到刀就想摸，看到水就想跳进去……身边有太多太多危险了，每一件小事都要小心看护孩子。

但很多家长看护孩子的时候，只告诉他们不可以做，却没有耐心解释为什么不可以做。这样反而会令小孩子以为是一种游戏。上街时乱跑，妈妈就会追他，拉着他的手，他觉得很好玩，是不会改过的。在公园跑得特别快，爬上爬下，让妈妈紧张，他也会觉得很好玩，每次都会重复去做。所以，你教孩子不可以做某一件事的时候，一定要解释清楚背后的原因，让他们明白知道，他们才会改过。这才是真正的"预防受伤的教育"。

这个时期的孩子成长得很快，昨天做不到的事，今天就能够做得到，所以会发生很多意想不到的事情。妈妈要小心不要让孩子一个人跑到露台，爬窗口，出门外。这是一个非常容易受伤的阶段，大人看护孩子特别费神，但只要好好教导，孩子学懂之后就会自己小心，以后就会比较安全。为了不会后悔，一定要十分谨慎。过了三岁之后，大部分小朋友都会知道什么是危险，一至三岁是高度危险期，注意不要让你的小朋友受伤。

3　糟糕的两岁

很多人认为，两岁多三岁的孩子是最难带的。在外国，有很多人用 terrible two（糟糕的两岁）来形容这个阶段的育儿过程。

"明明之前什么都听我的，突然间什么都要自作主张。"

"一不如意就哭！又尖叫！"

其实这是小朋友成长的必经之路，表示孩子不再是你的一部分，开始有自己的想法了。

原因是，这个时期的孩子开始了解到"自己"和"别人"的概念。他们发觉自己做得到的事情多了很多，但想做又做不到的事情却更多，令他们很不耐烦，很不高兴。孩子开始有自己的主意，但是又不能充分表达出来，得不到旁人的理解，觉得很难受。小朋友的脑袋和感情上的成长，未能满足他们希望做到的事，所以他们很容易发脾气，情绪不稳定，不能如愿的时候会尖叫，用各种方法表示不满。旁边的人也不知道如何安慰他们，因为孩子无法说清楚，大人无从入手为他们解决问题，令他们焦躁不安。

孩子的这种态度，会令家长感到困扰、烦躁，对情绪失控的孩子产生不耐烦，又对自己能否做好一名家长失去信心。其实只要态度正确，"糟糕的两岁"也可以变为一个很快乐的阶段，所以不要太担心。

我觉得这个时期，是小朋友和家长共同的 growing pains（成长的痛楚）。一方面，小朋友因为未能够充分地表达自己、明白自己的目的，所以痛苦。另一方面，家长发觉自己控制不住小朋友的情绪，不知道应该如何安慰他们，所以也很痛苦。

这个时候，当家长最重要的就是站在小朋友的立场，衡量每一个情况。想象一下，你的肚子很痛，却找不到如何表达这个情况的语句，旁边的人又不理解你，你唯一可以得到关注的方法就是尖叫和发脾气，我相信你也会尽全力尖叫的。两岁的孩子就一直身处这种情况中，你可以想象他们有多难受。又比如你已经走了很久，双腿已经不能再动了，但旁边的人却逼你一直走下去，你唯一的抗议方法就是坐在地上。两岁的小孩子很多时候希望爸爸妈妈抱，但家长觉得小朋友在撒娇，要他们自己走路，意见不合，各自烦恼。其实那个年龄的孩子，腿脚的确很容易疲倦，他们不是在撒娇，而是真的需要休息，所以才会坐在地上大哭。但爸爸妈妈觉得小朋友不听话，还说"你不跟着走，就不要你了！"想象一下小朋友有多难过。

家长要有想象力，全心全意去理解眼前"糟糕的两岁"，那么两岁的孩子就不会那么"糟糕"。这个阶段的孩子，虽然看起来好像应该明事理，但毕竟他们还是幼儿，是需要我们谅解和包容的。不要坚持逼小朋友配合你的节奏，反而是尽量配合孩子的节奏，那么每天就会过得容易很多。

4　挑战界限

两岁的小朋友时常会挑战界限，因为他们不知道什么可以做，什么不可以做，所以他们每一件事都会试探，以观察你的反应。这个时候，家长一定要很明确地告诉他们，"这是可以做的，这是不可以做的"。但不是用"责备"的方式，而是用"解释"的方式。为什么那事情不可以做？是因为危险？是因为不道德？即使孩子年纪还小，家长也要清清楚楚地解释给他们听。

这个年纪，是小朋友建立一生道德和善恶观念的时期。所以家长真的要小心，灌输正确的观念给孩子，例如不可以撒谎、不可以伤害人、不可以拿别人的东西、不可以浪费食物和资源、要爱护生命、要有感恩之心、要尊敬他人、要遵守秩序等等基本的原则。

有一次，我在公园看到两位小朋友在摘花，他们的妈妈坐在旁边聊天，没有阻止。于是我走到近前，用友善的声音告诉他们："这里的花是不可以摘的。"

其中大约两岁多的小朋友吃惊地哭了起来，我也吓了一跳。妈妈们见到我的行为，有点不满意，抱起孩子安慰他。我为吓到了孩子而道歉，妈妈们没有说话。孩子一定要把花带走，妈妈拗不过，就说已经摘了的花可以带回家。孩子拿着花走到我面前，望着我，好像在问我可不可以拿走？我微笑着说："已经摘了就拿走吧，下次不要再摘了。"他点点头，很懂事地回到妈妈身边。从这件事来看，孩子不知道公园的花是不可以摘的，可能因为妈妈没有教过，亦可能他是第一次在公园摘花。其实这是一个教孩子的好机会，我觉得那位妈妈错过了。妈妈应该解释给孩子听，公园的花是不可以摘的，因为这是大家的公园，花不是属于我们的，而是属于大家的。要告诉孩子什么东西是自己的，什么东西是公共的或别人的。

但我觉得很安慰的，就是孩子来问我手上的花可不可以带回家。他希望得到我的认同，希望自己没有犯太大的错。当家长的要把握机会教导孩子，否则孩子就会继续做错事。

又有一次，我看到一位两岁多的孩子抢走了另外一位小朋友的饼干，妈妈只是立刻递了另一块饼干给那小朋友，却没有教导孩子。这也是错过了教导孩子的机会。妈妈应该首先对孩子说："不应拿朋友的东西，快些还给人家吧。"若孩子抗拒的话，就好好解释给他听："你看你朋友多难过，快去安慰他，把饼干还给人家。要是他拿走你的饼干，你也会很难过，对吗？"解释为什么不能拿走人家的东西，再让他将心比心，理解自己所做的事是不合理的。接着可以和他妥协："妈妈还有饼干，你想多吃一块可以问妈妈要。肚子饿的话，我可以再给你一块。先把这块饼干还给朋友吧，大家一起吃才开心呀！"解释为什么把饼干还给朋友是最好的选择。当孩子听话照办的时候，要好好赞赏他："你真乖，不抢人家的东西。妈妈很骄傲，来，多给你一块饼干！"我明白，这样的做法需要很多时间和耐心，但对两岁多的小朋友来说，这是非常重要的课程，只有在他们身边的照顾者或家长才可以及时纠正和教导他。他理解明白之后，以后就不会再做，若再做也会知道是自己不对。"立刻指出"和"即刻教导"，是教育过程的重点。

5　教孩子守规矩

这时期的小朋友，我们要开始教导他们在公众场所守规矩。这是社交能力的一部分。例如在有人的地方不能大叫，不能吵闹，不能跑来跑去；要学习跟人打招呼，在适当的时候说谢谢；不可以拿人家的东西，不可以随便打人；上街时要拉着妈妈的手，不可以破坏公物，要守秩序，要排队；等等。这些事，我们都应以身作则，反复教导孩子。每次他们做错的时候，要不厌其烦，三令五申，让他们知道我们过的是群体生活，他不能做自私的行为。

有一天，我约了一位朋友，她坐在酒店大堂等我下来。

见面后她说："有一件事，我想问问你的意见。"

我回答："什么事？"

她说："刚才我坐在这里等你时，有一位小朋友走了过来，说：'这是我的椅子，快起来，我要坐这里。'我说：'这是酒店的椅子。'孩子说：'你起来！这是我的椅子！'我不理会他，他就大叫。之后小朋友的妈妈走过来，他就对妈妈说：'你看，这个人坐了我的椅子，快叫她起来！'妈妈想拉小朋友走开，小朋友就说：'妈妈你快把这椅子买下来，不准她坐！'闹了半天，妈妈才把小朋友带走。"

朋友问我怎么看，我真的不愿相信有小朋友竟然会这样做。我告诉朋友说："这是育儿的失败。因为妈妈总是满足小朋友的要求，令小朋友觉得他是宇宙的中心，全世界都是为他而转，所以才会有这种表现。"

我们绝对不希望自己的孩子用这种态度做人处世，所以我们要让他们从小明白，地球不是为他一个人而转的。我们必须守规矩，社会才能够安全和平地运作。我们是一个大家庭里面的一分子，每个人都要守本分，不可以自私自大，不可以自以为是，这样每一天才会过得快乐。虽然孩子还小，但我们必须趁早教导他们，否则长大之后要改就比较困难了。

6　给孩子任务

　　幼儿期的小朋友开始认识自己和周围的环境，这是锻炼他乐意为家庭作贡献的好机会。虽然年纪还小，能做的事情有限，但家里仍然有很多任务可以交给小孩子做。这不但可以让孩子认识什么是责任感，也可以提高他们的记忆力和同理心；同时让他们感受到对家的归属感，明白自己是家庭的一部分，家庭是大家一起构成的，必须互助互爱。

　　我的小孙女在美国生活，现在一岁多。她在家里的任务，就是把水果上面的贴纸拿掉。她非常重视这项任务，每次成功把贴纸拿掉，我们都会感谢她。她总是满面笑容地点头，很可爱的。

　　她还有另外一项任务，就是负责把不要的东西丢进垃圾桶。她在家里找到垃圾时，会用眼睛问大人，这是否可以丢掉？要是爸爸或妈妈说可以，她会问应该是丢进可燃烧的，或不可燃烧的，或是可回收资源的垃圾桶？丢垃圾也可以成为一门环保的课。

小孙女很认真地完成任务，在街上看到纸条，也会主动拾起来，问过大人后，寻找垃圾桶把它丢进去。她俨然已变成一位清洁人员，对自己的任务感到很骄傲。

无论孩子年纪多小，他们都可以有责任感。多给孩子设定任务，他们会感到很开心、自己很重要，他们的自我肯定能力也会提高。每做好一件事，不要忘记赞赏孩子，让他们知道这件事真的可以帮助人。若什么事都由你为孩子做好，会令孩子觉得家务事是大人的责任，与他们无关，父母为自己服务是应该的。那么到他们长大了，可能会不愿意做家务，觉得父母在逼自己做一些自己不需要做的事。

家务是每一个人的责任，每一个人都应该准备好分担不同的家务，谁有时间，谁就应该去做。不是规定了妈妈煮饭，爸爸洗碗，然后不是自己负责的事就不做。幼儿期的孩子，我们只能让他们做力所能及的事，随着孩子成长，慢慢增加他们的任务。培养孩子觉得为家里做事是应该的，自然的，有成就感的话，当他需要照顾自己或做家务的时候，就不会抗拒。

如果在这个时期把孩子当公主王子一样照顾的话，长大之后，要是你希望孩子帮你做家务，也会比较困难。因为在他们从小的认识之中，爸爸妈妈是应该服侍、照顾他们的人。

所以在幼年期多给小孩子任务，长大之后他们也会乐意尽自己的本分。

第二章

提高孩子的智能

7　鼓励孩子问问题

　　这个年纪的小朋友最喜欢问问题，因为什么对他们来说都是新鲜的，每天都是一场冒险。每看到新事物，他们都会问你："这是什么？"有些时候简直是问题的"轰炸"。我提醒家长，一定要鼓励小朋友多发问，因为发问就是好奇心和想学习的表现。

　　当他们问你问题时，请你不要说等一等，而是说："你问得太好了！妈妈很高兴！让我们一起去找答案吧。"首先要表示赞赏，让孩子知道问问题是一件非常好的事。有什么事情不懂，必须问，不懂并不是羞耻，问问题也不是麻烦别人，而是一件非常好的事。这样可以保持小朋友的好奇心和好学心，否则他们会以为问问题是麻烦了他人，不敢多问，慢慢就会养成不懂也不问的习惯，他的好奇心和好学心就会减退，这是非常可惜的。

　　如果孩子长大，不明白的事不积极发问，上学的时候不举手问问题，回家做作业很辛苦也不敢求助，不懂但也不敢问你，那么他的成绩一定不会很理想。本来可以学习得很好的小朋友，如果因为羞于提问而追不上课程，这不但可惜，也是学习路上的障碍。

所以在幼儿期，当小朋友仍然充满好奇心的时候，家长一定要表扬他们发问的能力。我们都希望能够培养好学、自学的小朋友，孩子问问题就是表示他好学，所以我们一定要保持他好学的精神。所以当孩子向我提问时，我是尽量耐心，不说"等一等"的。无论多忙，我都会先表扬他们，然后和他们一起找答案。可能是因为用了这个方法，我的三个孩子都很好学，对什么事都有兴趣。这样的孩子上学的时候比较轻松，成绩也容易进步。所以我们真的要鼓励孩子多发问。

8　让孩子选择

选择的能力并不是与生俱来的，而是需要练习的。这个练习，从幼儿期就可以开始。例如让孩子选择他们最喜欢的玩具、最喜欢穿的衣服、最喜欢吃的食物，他们选择之后，你应该表示赞赏。

做法很简单，可以放几件衣服在他们面前，问："你今天喜欢穿哪一件？"又或者拿出几种食物，让他们选择："你想吃什么？"他们吃完就再问："接下来想吃哪一种？"从中训练他们选择的能力。尝试过一次，就会知道自己最喜欢哪一种，第二天，你再放同样的食物在他们面前，他们就会做出聪明的选择。又例如拿出几个不同颜色的球，问孩子："你喜欢红色、黄色或蓝色？"然后用他们选择好的颜色的那只球来玩耍。你带孩子上街，站在路口时可以问："你喜欢向左走或是向右走？"让他们选择，然后一边走，一边介绍路旁的事物。今天介绍向右走有什么，改天又介绍向左走有什么。当下次再站在路口的时候，孩子就会告诉你，到底喜欢往右还是往左。

如此这般，什么时候都给孩子选择的机会。就算他们的选择错了，也不要惩罚他们，因为这个年纪的小孩子，还未认识对错，这只是一个练习。差不多三岁的时候，孩子已经能够做很多选择，今天喜欢上街还是在家里看书，喜欢先洗澡或先吃饭等等，这些都是他们的选择。

我有一位朋友，她的女儿每天选衣服的配搭都怪怪的，朋友问我，到底应不应该教她怎样才是更有品位的选择。我告诉她："不要紧呀！应该鼓励孩子自己做选择。你女儿现在穿衣服可能怪怪的，颜色也不合衬，但既然这是她喜欢的衣服，穿上去觉得快乐的话，你应该让她自己决定。"朋友听后，真的每天都让女儿配搭衣服，女儿长大后，竟然成为了一位服装设计师！"因为从小妈妈就给我机会自己选择衣服，让我对自己的品味很有信心。"我的朋友听了非常骄傲，觉得自己没有埋没女儿的天分，帮助她发挥了她的潜能。

古人有道，"三岁定八十"，很多时候我们真的要给小孩子机会，让他们作出选择，鼓励他们表达自己的喜好和立场，作出选择，进而发现自己的潜力。

9　假装游戏的好处

假装游戏（make-believe play），又称"假扮游戏"或"象征游戏"，即是孩子扮演一个角色，或用代替品去模拟一场活动。比如用一块积木当手机，当自己是妈妈喂洋娃娃吃饭，和书中的熊猫说话，当自己是超人、公主等等，这些都是假装游戏。从一至三岁的阶段，小朋友能开始分辨出什么是真的，什么是假的。小朋友玩假装游戏，显示出他的智能有所成长。心理学家都认为，假装游戏对小朋友的成长有多方面的好处。

首先，假装游戏可以培养孩子的想象力、创造力，也能锻炼他们的沟通技巧，提高精细动作的技能，和练习判断式思维。假装游戏让小孩子"think out of the box"，在假想的世界里，不受原本知识的规限，不需要顾虑做得不好或做得不对，可以尽情发挥自己的想象力，在游戏中学习如何解决问题。当孩子扮演角色的时候，其实也是在锻炼表达能力，并从记忆中把角色演绎出来。当他们与假想的对象谈话的时候，其实是在练习沟通的技巧。他们会模仿身边的大人或其他小朋友，甚至在电视或互联网上看到的沟通方法。这样，孩子会慢慢找到最适合自己的沟通方法。

其次，在感情方面，这也是一个更安全的方式，让孩子发泄他们的感受。因为面对的是虚假的人物，孩子不会那么害羞，可以把心里面的话说出来。家长可以细心观察小朋友的假装游戏，从中了解他们的心情。

我鼓励家长和小朋友玩假装游戏。比如你可以拿着一根香蕉，假装那是电话；把积木搭成堡垒，让孩子扮演王子；或扮成大猩猩，跳来跳去，追着孩子玩。我和大儿子最喜欢玩的一个游戏，就是"他是渔夫我是鱼"。我会在地上扮成一条鱼，他则在床上钓鱼，他钓到的时候，我就爬上床。这个游戏他很喜欢，两岁多、三岁的时候时常要求我和他玩。另外一个游戏就是我们轮流扮演动物，然后说出那动物喜欢吃什么，到了什么地方等等。

简单的假装游戏，可以帮助锻炼小朋友的想象力并增加他们的知识，推动孩子的脑袋进入另一个境界，是健康成长的重要过程之一。

10　强大的词汇

人类自从有了语言之后，我们把所有事物、感受都化成语言，这就是所谓"文化"。久而久之，我们不能够用语言表达的东西，在意识中就当作不存在。词汇丰富的人能把自己的感受和身边的事物表达得惟妙惟肖，不但令人佩服，也可以帮助自己和他人更加正确地理解情况。词汇贫乏的人不能充分地表达自己，也因为缺乏理解周围事物的工具，知识也会比较肤浅。

一至三岁的孩子脑袋好像海绵一样，不停地吸收新知识。在这个吸收新知识的黄金期，家长一定要全心全力为他们累积丰富的词汇。做法非常简单，就是把你的感受化为语言，做什么就说什么，把看到的一切事物都告诉孩子。"妈妈看到彩虹，很感动！""这是奶奶为你做的衣服，好漂亮哦！好感恩啊！"指着在水里的鱼儿："看，那是红色的鲤鱼，正自由自在地游泳，真可爱！"这个时期的孩子能听懂比较复杂的句子，所以可以慢慢跟孩子说，孩子会明白的。一边说，一边鼓励孩子跟着你复述重要的词语。譬如彩虹、鲤鱼、可爱、漂亮等，让孩子有更深的印象。

介绍新事物的时候，要指着事物来说，否则幼儿期的小朋友会不知道你所说的东西在哪里。

而且为了可以解释更多事物，说话的方式应有很多信息在内，例如："今天的月亮是圆的，光亮的，真漂亮。""这黄色的香蕉真好吃，又香又甜。""小心，这碗面很烫啊！要吹着，慢慢吃。噢，碗底像月亮一样圆啊！看看有没有其他东西是圆的呢？"

如此这般，不停地讲述给孩子新的信息，丰富他的词汇。

美国的研究指出，在幼儿期得到丰富的词汇讯息的孩子，在学校的成绩比没有充分词汇环境的孩子要好很多。专家认为，家长和照顾者必须多和孩子说话，丰富他们的词汇。我完全赞同这提议。

有幼儿的妈妈，不要怕人觉得你啰嗦，不停说话是对孩子有益的。因为我有三个儿子，平常不多说话的我，在孩子面前说个不停。有时累了不出声，孩子们会担心。"妈妈头痛了吗？""妈妈不舒服吗？"我才知道，在孩子心里，我是一个不停说话的妈妈！可想而知，我是多么努力地向孩子说话。

另外，阅读也是建立强大词汇的方法。因为每个作家的表达方式各有不同，文风、用词的方式也很广泛。平常不会接触到的词语、生活里不会遇到的情境，也可以在书中找得到。书中更有幻想世界，可以令小朋友吸收更多词语和感受。

因为这个时期的小朋友很容易受外来因素影响，所以我们说话要小心，不要用粗言秽语或歧视、侮辱性的语言等等。大人说脏话，孩子一定会模仿，甚至会觉得很好玩，而且觉得这种无礼的表达方式是可以接受的。要是你只禁止孩子说，但不制止其他人说，那么孩子会不知所措，不知谁是谁非。他们的小小脑袋里会觉得，既然爸爸可以说脏话，为什么我不可以？甚至会觉得你双重标准，对你的信任会降低。

所以，要是家长想培养孩子成为一个有礼貌的君子淑女，就必须好好注意自己的言语和态度。

11　建立良好的阅读习惯

我鼓励家长为孩子建立一个良好的阅读习惯，最大的目的就是让孩子喜欢文字，最低限度也是不抗拒文字。因为在现代社会，对文字没有抗拒的人，做什么事都会有优势。上学时不会觉得有太大压力，做功课也会觉得轻松。出社会做事时，无论什么文件也不会难倒他。阅读得多的人，文章会写得更好，表达能力也更强，别人对他的评价一定会更好。所以，阅读是有百利而无一害的。

我从孩子零岁开始，就和他们一起大量阅读。每天阅读，让他们觉得阅读是很平常的事，就如吃饭、睡觉一般，是生活的一部分。我的孩子们在三岁前就开始自己阅读了，最初他们懂的文字不多，但不知不觉就形成一种观念，觉得阅读是一种娱乐，也是寻求知识和解决问题的好方法。所以书本成了他们的好伴侣。

我时常带他们到图书馆，让他们选择自己喜欢的书。三个孩子的爱好都不同，但每个人找到自己喜欢的书之后，就会自己阅读，有些时候叫他们不要看太久也不听。我家客厅有书架，他们的房间也有书架，家中有大量的书籍。只要手里有书，他们就很高兴。

我也会随身带着很多小本的图书，放在手袋里。当我们坐车谈话，大家聊得开始有点疲倦的时候，我就会给他们每人一本小书，他们就会很满足地享受旅程。

我和他们阅读的时候，首先我会为他们读出内容，然后再邀请他们读给我听，最后把书本盖上，请他们向爸爸转述故事的内容。

这个方法可以锻炼他们的聆听力、阅读力、理解力和表达力。在一至三岁的阶段开始这个训练，到他们上学的时候就会觉得很轻松，因为他们已经懂得聆听老师的话，然后在脑海中理解内容。若有需要时，也可以用自己的方法表达出来。这样的阅读方法谁都可以做到，而且对孩子来说非常有好处。

"可是我的孩子不喜欢阅读啊！"我时常听到有妈妈这样说。

这可能是因为，在孩子三岁之前，你没有重视给他们一个阅读的环境。我强烈建议家长要让孩子习惯阅读，觉得阅读就如吃饭、洗澡一般自然，不是一件特别的事，而是每天在任何地方都可以做。

这样能养成孩子的阅读习惯。

另外一个可能性，就是孩子未找到自己心爱的书本，所以不喜欢看书。让孩子自由选择想看的书，是养成阅读习惯的重点。不要只逼孩子去看你为他准备的书，而是让他自己去选。一至三岁的孩子已经可以有自己的主张，多让他接触更多类型的书本吧。

喜欢阅读的人不会孤独。只要有一本自己爱看的书，他就可以找到自己的世界，投入幻想的空间，人生会变得丰富和有趣。

当一个人脑海里有很多故事和知识时，就会有充分的话题和人交流，提高他们的社交能力。这些都是阅读的优点。为了孩子的未来，请尽早引导孩子选择他们喜欢的书，成为一只"书虫"吧！

12　教孩子文字

两岁左右的小朋友已经可以开始学习文字。有些小朋友学得快一点，有些小朋友学得慢一点。中文需要把每一个字都记得清楚，是比较困难的，但英文字母可以从很小的时候就开始教孩子认识。

我的大儿子在三岁已经开始自己看书，二儿子是两岁半，三儿子比两位哥哥更早。我教他们英文的时候，首先会用一张纸写一个大大的 A，再在下方画一个很小的苹果，然后告诉他们这是 Apple。Apple 就是 A。让他们记住之后，我就把那张纸贴到很远，然后再问他们："那个字母是什么？"孩子能够看到字母，但看不到小苹果。有些时候他们记不住字母，我就提醒说："走近点可以看到提示呀！"孩子跑到那张纸的旁边，一看到 Apple 就会知道是 A，然后非常高兴地对我说："妈妈，是 A 啊！"我会拍手叫好："你真棒！你是自己学会的！用自己的腿跑到那里，然后就记住了！你真厉害！"这样称赞孩子，他们会非常高兴！每一个字母都用这个方法，孩子们学得很快，不到一个月已经把所有英文字母学会了，你也可以试试看。

喜欢文字的小孩子，阅读速度快，上学的时候也轻松。早点教会孩子读文字，他们一个人也可以静静地坐下来阅读，给你很多自由时间。在外面坐车的时候，给他们一本小书，他们就会安静下来。如果他们喜欢看书，也就不会看那么久的手机，书本会成为他们的好朋友。

我的三个孩子都是书虫，到现在也很喜欢看书，会多种语言。我觉得很欣慰，因为他们喜欢看书，所以不会觉得闷，也不会觉得孤独。只要有书本，他们就会有自己的世界。所以我鼓励爸爸妈妈早点教小朋友学习文字，然后选择他们喜欢读的书，那么他们的人生就会更多姿多彩。

13　培养孩子说多种语言

三十年前，专家说，从零岁开始让小朋友听太多种语言，会对他们的语言学习有坏影响，甚至推迟孩子说话的时间。理由是孩子听太多种语言，会令他们的脑袋混乱。但今时今日，专家推翻了旧的理论，指出那是没有科学根据的。

从小接触多种语言的幼儿，不单不会影响语言学习，反而大有裨益。因为他们的脑袋里从小已经记忆了各种语言的发音，到学习那些语言的时候，就会比较容易，发音也正确。要是孩子没有多语言的记忆，不但学习外语会比较困难，而且一定会有口音。因为他们幼儿期只接触到一种语言的发音方式，如何运用嘴唇、舌头、喉咙的记忆已固定了，不能完全模仿其他语言的发音。

而且，如果思维只基于自己的母语，学习其他语言时也会感到困扰。情感的表达受语言的限制，因为每一种语言都有自己的文法和表达方式，譬如用中文能够表现得淋漓尽致的事，用英语却说不出来。或用英语可以传递的情感，用中文却感受不到。如果小朋友能够学会多种语言，他感受的范围就会扩大很多。

有很多希望到外国发展的人，往往因为语言障碍而放弃，很可惜。但如果小朋友能学会多种语言，他们的发展机会就会多很多。以前不要让幼儿从小听太多种语言的想法已经不合时宜，我鼓励家长给这个年纪的小朋友多听几种语言，那么当他们长大之后学习其他语言就会比较简单。

我的孩子们现在懂得英语、日语和中文，二儿子还学会了西班牙文。这对他们来说非常有利，不但可以和很多人交流，也可以看不同语言的书籍或在互联网上找外国的资料。因为他们从小就习惯了多种语言的发音，所以说英文是完全没有口音的，日语和普通话的发音也比我好。

虽然我在日本发展已经数十年，但因为我小时候没有听过日语，所以即使到了现在，我说日语仍然是有口音的。又例如，我从小就说广东话，幼儿期未接触过标准的普通话，所以我的普通话也是有广东口音的。相反，因为我在幼儿期已开始接触英语，所以我的英语是完全没有口音的。

我相信现代的专家们所说，多听其他语言其实是对小孩子学习语言非常有利的。

14　让孩子指出你的错误

教导孩子一个非常有用的方法，就是让他当"老师"。你要先告诉他们什么是对的，什么是不对的，这件事情如何处理，那件事情如何做。接着，你要在他们面前故意做错，然后问："这样做对吗？"如果他们真的明白，就会告诉你："不是，不是！妈妈，应该这样做呀！"或者会说，"妈妈不能这样做，这是错的！"如果孩子能够指出我们的错处，就表示他们已学会了。也就是说，我们的教导成功了。

一岁多的孩子已经懂得很多东西的名字。我会特意说错，让他们指正我。譬如，我会指着汽车说："哗！这条船真漂亮！"孩子就会说："No！妈妈，那是汽车。"又会指着苹果说："这是香蕉！"孩子就会摇头："妈妈，这是苹果！"如此这般，让他们纠正，你就能知道他们真的认清了事物的名字。

又譬如我和孩子讲《三只小猪》的故事，会故意读成"从前有两只小猪"，孩子就会瞪大眼睛望着我，指着故事书说："妈妈是三只，三只小猪呀！"虽然这年纪的小朋友未必看得懂文字，但因为我时常读这个故事给他们听，他们已经记得内容。孩子纠正我，我就可以知道他们的记忆力不错。

两岁左右，孩子就能了解很多行为的过程，比如知道洗澡前要脱衣服。如果我还未帮他脱衣服，就要抱起他放进浴缸，孩子就会抵抗："妈妈！妈妈！要脱衣服啊！"

孩子能指出你的错处，就表示他们对事物有正确的了解。比如你曾经教孩子回家之后要先洗手才吃东西，但当你回到家，还未洗手就去吃东西时，要是孩子没有指出你的疏忽说："妈妈，你还没洗手！"就表示他们没学懂，需要重新教导。你可以把这个方法套用在不同事情上，比如做咖喱饭，两三岁的小朋友能记得过程。你可以把材料放在桌子上，说："我们先切马铃薯吧。"但你还未替马铃薯去皮。如果孩子记得清楚的话，就会告诉你："妈妈，我们要去皮啊！"若是他们不阻止你，你就知道上一次学习的时候他们没有集中注意力。

如此这般，尽量让孩子指出我们的错处。你要为自己做错事道歉，然后多谢他们的提点，这样孩子会觉得骄傲，也会在下次学习的时候更加用心，因为他们知道妈妈也会做错，自己要帮妈妈。在心理学上，最佳的学习方法就是让学生做老师，我们在家庭教育上也可以用到这个道理。

多让孩子指出你的错误，你就能知道他们真的学会了道理。

15　引导孩子自己解决问题

一至三岁的小朋友，什么都喜欢自己尝试，但因为有很多事情他们还做不到，所以很多时候都会很烦躁。这是小朋友学习和成长过程的必经之路，所以家长不要看到有问题就立刻为孩子解决，反而应该耐心一点，帮助他们自己解决问题。这样可以锻炼他们把已经会的知识和新知识结合，找到解决方法，这个过程会帮助孩子的脑袋成长。

譬如孩子想拾起地上的东西，但他的小手还没有那么灵活，拿不起来。这时你不应立刻拾起东西交给孩子，而是应在旁边鼓励他们："差不多了！差不多了！加油！"当孩子真的做到的时候，不要忘记表扬："做得真好！哇！好棒呀！"

　　学会用手拿东西之后，一岁多的小朋友会开始学习"放手"，就是把手打开，把东西放下。这听起来好像很容易，其实对孩子来说是一件非常困难的事。放手的时候，东西会掉下，要把东西轻轻放下来，是需要集中力的；如果把东西丢离自己，不但需要力量，也需要知道用多少力。这几个动作，孩子需要不停练习才能做得到。所以不要帮他做，要让孩子有机会多练习，那么就会学得很快。

　　又譬如，两岁多、三岁的孩子，会开始自己换衣服。当初一定会很慢，家长不要着急，不要帮他很快地穿上，而是应慢慢地鼓励他。你可以准备容易穿、容易脱的衣服，让孩子练习。当孩子做到的时候，会觉得很骄傲，也会很高兴。

　　如此这般，让小朋友亲手解决自己的问题、做到想做的事，不但可以提高他们的自信心和自我肯定能力，也可以帮助他们头脑和身体的发展。每做到一件事，孩子觉得高兴，在脑内就会分泌出快乐荷尔蒙。这些荷尔蒙就是他们学习新事物的最大回报，小朋友记得这个感觉之后，就会自觉地学习不同的东西，训练自己，成功之后，就可以再次感受到快乐荷尔蒙。但如果你什么问题都帮他们解决，什么事都帮忙做的话，孩子的脑袋就会失去了活跃的机会，普通两三岁孩子能做到的事，你的孩子可能也做不到。所以我们需要让小朋友自己解决自己的问题。

托人带孩子的家长也必须告诉照顾者，要多让孩子自己做事，否则孩子会养成依赖人的习惯，长不大，没有自主性。

16　　锻炼记忆力

这个年纪的小朋友，会开始记得做过和看过的事物。利用记忆力和经验，理解面前的东西和解决问题，就是学习的基本。我们可以锻炼孩子的记忆力，若他们拥有一份好的回忆，就能重温那个时刻，得到温暖的感觉，学会如何安慰自己。

要锻炼孩子的记忆力，家长可以和孩子谈谈经历过的事情。譬如："那天在动物园，我们看到大象，它是如何叫的呢？"让孩子和你一起重温那个时刻，模仿大象的叫声；也可以拿有关大象的绘本出来，和孩子分享大象的故事。这样孩子的脑袋里，对大象的印象就会更深刻。

也可以跟孩子说，"记得奶奶教你唱的歌吗？我们再一起唱一遍好吗？"可能孩子根本唱不出那首歌，但当你唤起孩子与奶奶一起玩的情景，他们心里就会觉得很温馨，很开心，会随着你的歌曲回想起奶奶。这样，孩子的脑袋会用一个讯息带出美好的回忆，增强记忆力。

也可以和孩子重温一些体验。譬如："那天我们到海边，你记得海水是冷冷的吗？"孩子若是记得的话，会点头。若是记不起的话，你可以说："下次我们再去，看看海水还是不是那么冷。"引导他们把过去、现在和未来连在一起思考。这种谈话方式可以令孩子学习利用回忆来衡量现在、期待未来。

孩子小时候，我喜欢每天和他们重温一天的事情。我会先告诉他们我的一天是怎样的，然后再让他们慢慢告诉我，他们的一天又是怎样的。而且我们会互相说出当天最开心的事和不如意的事。这个过程可以令小朋友更加关注他们身旁的事，也可以提高他们的记忆力。

如此这般，家长可以在日常锻炼孩子的记忆力。记忆力好，不但可以提高学习能力，做什么事都会轻松很多。

17　为孩子的生活创造惊喜

这个时期的小孩子除了要学习每一天必做的事情之外，还需要很多额外的惊喜。因为他们的脑袋正在飞速成长，要接触更多新事物，才能建构一个巩固和复杂的头脑。所以每天只是起床、吃饭，在同样的屋内、同样的公园，和同样的人交流，是不足够的。妈妈需要想尽办法给小孩子各种惊喜。

其实对小孩子来说，什么都是新鲜事。哪怕只是在街上走来走去，孩子已经可以看到很多我们看不到的东西。路旁的小花、叶子上的昆虫、橱窗里面的倒影，都会给他们惊喜。如果你平常是早上带他们去公园的话，下次可改为傍晚才去，那么孩子就会发现影子的长短不同。大风天，看到旗子在风中摇荡，孩子就能感受到看不见的风。下雨天，带孩子到公园寻找蜗牛。炎热天，为孩子戴上帽子，让他在外面出一身大汗，也是一种新体验。每一件事对他来说，都是非常有意义而且值得学习的。

我有一位朋友，常常说"今天太冷""今天太热""今天下雨""公园太脏""人太多"，把孩子关在屋里。孩子没机会培养抵抗力，就很容易病；而且害怕与人见面，变得很内向；因为运动不足，食欲不旺盛，个子比较小。所以不要让孩子每一天都过同样的、安定的日子，而是应该给他提供数不尽的惊喜。平时在地面玩耍的话，找一天带他到高处，从上方俯瞰，从不同的角度看一样的景色。早一点起床，和孩子到海边看日出；早点吃饭，带孩子看日落。和幼儿玩游戏也是很重要的事情，借着游戏，让孩子学习如何运用身体和脑袋来达成目的，例如捉迷藏、跷跷板、滑梯，全都是很好的活动。吃东西的时候也是一样，酸的、苦的、甜的、辣的、咸的食物，每一种味道都可以让孩子尝试一下。当然，孩子会不喜欢某些味道，但他们会知道，食物是有各种味道的，不同的味道可以刺激他们的脑袋。

重复的每一天不是不好，但这个时期的小朋友，应尽量给他们充满惊喜的每一天。从中，父母也会随着孩子得到很多新的体验，重新发觉世上有很多神奇美妙的事情。享受每一天，给孩子无限量的惊喜吧！

第三章

培养同理心

18　引导孩子关怀他人

这个时期的孩子很喜欢模仿别人。要教孩子关怀他人，最容易的方法就是家长以身作则，做一个好榜样。

譬如，孩子起床，你可以亲亲他们的额头说："早安！"孩子就会知道这是一种关怀的表现。你可以说："去跟爸爸说早安吧！亲亲爸爸吧！"让他们把关怀带给其他人。孩子跑来跑去玩累了之后，你抱着他们，轻轻摸他们的头说："累了吗？肚子饿了吗？"慢慢地，他们也会学到，在你疲倦的时候来你身边安慰你。

坐公共交通时见到有老年人，你就赶快让座，孩子看了也会学习。有人在哭，你去安慰那人，孩子也会模仿。希望孩子能够关怀他人，你就是最好的老师。要是家长自以为是，骄傲自大，旁若无人，时常发怒或骂人，孩子也会学习到这种态度。

我们都希望孩子成为一个善良、有同理心的人，那么无论家长在当父母之前是如何待人接物的。在孩子面前，为了孩子，家长需要改变。

关怀别人不但对方受益，也能够令自己的心灵更加丰富，更加满足，人生更加有意义。这些基本的人性，需要在幼儿期打好基础。所以很多家长都说，当了爸爸妈妈之后，自己的性格也变得更温柔，更能够了解其他人的痛苦，更加懂得关心他人。这些都是孩子给我们的好机会，让我们变成一个更可亲、更善良的人。

孩子小时候，每当我完成工作回家，就会抱着孩子，从头到脚地吻他们，好像雨水打在脸上和身上一样。我们笑成一团，孩子会忘记一天的寂寞，我也忘记一天的疲劳。我问他们，肚子饿了吗？他们会问我，妈妈累吗？互相关心，感受到家庭的温暖。你可以用你的方法去表达如何关怀别人，你的孩子一定会模仿你，变成一个心地善良而坚强的人。

19　"请"和"多谢"

在英语中，有两句话是家庭教育的基本。第一句是"please"——想让别人帮忙的时候，要有礼貌地说"请""麻烦你"等等。另一句就是"thank you"——得到别人的帮助、关怀，或收到别人送的东西时，不能忘记说"多谢"。

我喜欢这个基础教育，因为可以培养孩子的感恩之心。无论事大事小，请人家帮忙做事的时候都应该有感恩之心，要提醒孩子没有东西是应得的，所以一定要说多谢。

日常，家长可以请小朋友帮一些小忙。"请你帮忙把这丢进垃圾桶。"孩子做好之后要说："多谢你帮助妈妈啊，令妈妈轻松多了。"这样做可以令孩子感到骄傲，又能让他们感受到助人为乐的满足和被人道谢时的喜悦。

重复这样锻炼孩子，他们习惯后，会自发帮助你。每一次都不要忘记说"多谢"，表示有他们的帮忙，你很高兴，他们是家庭中很有用的一分子。

反过来说，当孩子对你有什么要求的时候，也要教他们说"请"。比如孩子说："妈妈给我水。"那么你就得教他们："要先说请呀！你应该说，妈妈请给我一点水。"孩子说对了之后，你把水准备好，先问问："要先说什么呢？"等孩子说"谢谢"之后才交给他。

带孩子上街，也不要忘记教他们时常说"请"和"多谢"。买东西时，可教孩子说："请你给我这个。"东西拿到手，要说"谢谢"或"有劳"[1]。让孩子习惯成为一个有礼貌和知道感恩的人。

一些家庭会聘用保姆或者钟点工帮忙做家务，当家长的应该以身作则，对她们也说"请"和"谢谢"，给孩子树立一个好榜样。

"请"和"谢谢"这基本的礼貌，一至三岁学好后，一生受益。

为了锻炼孩子有感恩之心，孩子小的时候，我带他们到公园，会问："花朵漂亮吗？"他们会说："很漂亮。"我就会说："一定要感谢种花的人哦！也要感谢太阳和雨水。没有人打理花朵，没有太阳和雨水，花朵就不会这么漂亮了！"孩子年纪虽小，但一遍一遍重复说，他们会理解的。

记得有一次我们到郊外，看到有稻田，我就对孩子们说："一定要多谢种田的农夫，否则我们就没有米饭吃了。种田是很辛苦的哦！来，我们一起说感谢！"然后就和他们一起说："多谢农夫叔叔！"后来每逢我们

---

[1] 编者注：原文为粤语"唔该"。

见到稻田，孩子们都会说："多谢农夫叔叔！"

大儿子两岁左右，有一天晚上，我们去散步。我指着街灯告诉他，"街灯很明亮呀！真好。这是因为电灯公司的叔叔每天都很忙碌地工作，才有街灯照着我们。所以一定要感谢电灯公司的叔叔呢。"孩子点点头，好像明白我在说什么。大儿子三岁多的某一天，我们回家时，街灯坏了，黑漆漆的看不清楚。过了一天，街灯修好，我们去散步时，孩子指着街灯对我说："妈妈，电灯公司的叔叔把街灯修理好了！真多谢叔叔！"我听到他这样说真的很欣慰，三岁前教孩子的东西，他真的记牢了。

有感恩之心才会有满足的人生。

孩子懂得知恩、感恩和报恩，才会有幸福的日子。即使只有一至三岁，也可以在无意识之中教导他们拥有一颗感恩之心。

20　带孩子到博物馆、美术馆、动物园、水族馆

从孩子开始走路之后，我就常常带他们去看美术馆、博物馆。那么小的孩子，可能你觉得他们还未懂得

欣赏美术品或博物馆的藏品，其实我也不知道他们有多理解，但我希望能培养他们对艺术品的欣赏和审美眼光。

孩子虽然年纪小，看到美丽的东西时也会感动，甚至兴奋，做出"哗！好漂亮！""啊！那是什么？"等反应。我希望为孩子的人生增加更多感动的瞬间，他们看到作品时，有一种无法言喻但非常感动、兴奋、舒服的感觉，这就是艺术，这对孩子的情绪成长也有绝大的好处。而且每一幅画、每一件艺术品或历史文物，背后都有很多故事，多让孩子接触文物，可以培养孩子对历史的兴趣，对世界各地不同民族、不同文化的理解。

当我带孩子到博物馆或美术馆时，他们都会东张西望，好像有点不知所措，这里有太多东西，太丰富了，吸收不尽的样子。

我很想进入他们的小脑袋，了解一下他们在想什么。我知道在他们的脑袋里，有很多突触在不断成长，因为很多平常不能接触到的东西，都能够在美术馆和博物馆看得到。这能帮助孩子的脑袋得到无限的信息，建立一个更发达的脑袋。

不知道是否因为在幼儿期时已经常常带孩子去看艺术品，现在他们也非常喜欢去美术馆和博物馆。除了吸收知识，也可以欣赏艺术家的精心杰作。

除了美术馆和博物馆之外，动物园和水族馆也是带小朋友去的最佳地方。

大儿子喜欢海洋生物，所以差不多全日本的水族馆我们都去过了。他是海洋生物的小博士，时常参考相关的书本，灌输知识给我们。动物园也是令孩子们最兴奋的地方，只在书中见过的不同动物，在这里都活生生地站在眼前。幼儿期的孩子特别喜欢动物园，因为他们好奇心旺盛，动物能刺激他们的脑袋，令他们无比兴奋，分泌出幸福荷尔蒙，感受到快乐和满足，觉得世界是美好的。

现在，我的大儿子也常常带他的女儿到动物园、植物园，就如他小时候跟我一起去那般，一代传一代。希望所有小朋友都能够享受文化和传统，从中受益。

21　接触自己的文化

每一个人都需要找到自己的定位，要认识自己。幼儿期的小朋友，虽然还未达到自我认知的阶段，但也可以开始让他们接触自己的文化。

比如可以教他们一些中国的诗词。两岁多三岁的小朋友，已经能记住简单的歌曲和诗词。虽然不能了解全部的意思，但会在脑袋里留下记忆。那么当他们长大，真的明白诗词歌赋的内容时，就会对自己感到骄傲，增强自我肯定能力。也可以带他们去看一些传统表演，譬如粤剧、民族舞蹈等等。让孩子从小接触和自己有关的文化，这份记忆会让他们有归属感。

我也鼓励家长尽量在家里庆祝所有和传统文化有关的节日。例如春节、清明、端午节、七夕、中秋节、重阳节等等。你可以给孩子解释这些节日的背景、故事和历史，一起品尝庆祝节日的食物，让孩子知道知道自己是一个悠久文化中的一分子。我喜欢给我的孩子穿上民族衣服，例如长衫马褂来拍照，他们都很喜欢。而因为他们的爸爸是日本人，所以我也会为他们穿上和服，让他们知道他们是跨国界的双文化儿童。他们现在看到幼儿期自己的照片，也会觉得特别有意思。在无意识之中，孩子会爱惜自己的文化。

文化是我们所有知识的根源，早点让他们接触，令他们觉得自己是历史的一部分，日后就不会因为身份认同的问题而产生迷惘。作为联合国儿童基金会大使，我时常会去探访在战争或贫穷地方生活的儿童。很多儿童失去了家园甚至父母，连自信心也完全失去了。但当我们教他们认识自己的文化，譬如一些民族舞和歌曲的时候，他们就会好像找回自己的身份，自信心也会提高。

　　当人失去所有东西的时候，有什么是没有任何人能拿走的呢？那就是你的民族的文化和历史。让小朋友从小对自己的文化有归属感，可以支持他们在最困难的时候找到自己。

22　　让孩子感受季节的变迁

　　一年有四季，让孩子感受时间的转变，理解季节的变幻，是一件非常有意义的事。春天的雨，夏天的海，秋天的枫叶，冬天的雪。不但可以欣赏到自然界的美丽和不可思议，季节的转变更可以帮助这个年纪的孩子的头脑发育。

　　虽然孩子还小，但也会因为看到美丽的东西而感动。记得第一次带孩子到海边，他被海浪吓怕，用脚尖碰到海水，很惊讶，颤抖起来了。但习惯之后，他追逐海浪，和涌上来的波涛对抗，又浮在海上，快乐得很。长大后当他学习什么是浮力、水力时，这些经验都会变成知识的支柱。

孩子第一次接触到雪，看到白白的雪花飞舞，觉得非常神奇。张开手，想拥抱所有的雪花。用小手接住飘下来的雪，雪融化、消失，孩子充满疑问，挑起好奇心、学习心。秋天和孩子看枫叶、捡枫叶，告诉他们这是树木为了过冬而做的准备。枫叶飘下来，孩子的眼睛追着枫叶，很可爱。捡到最美丽的枫叶，回家后夹在书本里当书签，把回忆留下来。春天下雨了，带孩子去扫墓，告诉孩子祖先的故事。看到各种花朵盛放，教孩子感谢雨水。看到孩子合着小手拜祭祖先，弯起眼睛向雨水微笑，太美好了。樱花盛放的时期，我会带孩子们去赏花，花瓣落下，犹如铺了一张樱花瓣做成的地毯，孩子在上面乱跑，花瓣飞舞，美不胜收。

从小让孩子接触到各种美丽的情景，到他们长大后，每当看到这些情景，都可以舒缓压力，忘记烦恼，得到安慰。成长在香港，我特别喜欢海。无论是码头的海或是沙滩的海，只要到海边，我就可以忘记烦恼。所以当我觉得压力太大，不能忍受的时候，我就会到海边散步，看着海洋，舒缓紧张的心情。我也喜欢游泳，尤其在夏天的黄昏，海水是暖暖的，我觉得好像被大海拥抱着，不再寂寞，所有烦恼都好像被海水冲走了。这可能也是因为从小，爸爸妈妈就时常带我们到海边，我有这份记忆，现在长大了也可以重温。

一至三岁的记忆，很多都是无意识地储存在我们脑中的。在孩子心里，这些就是无价之宝。尽量为他们创造多一点美好的回忆，欣赏季节的变幻，可以帮助孩子找到他们最需要的定心丸。

23　一起养育动植物

教导孩子时，特别难的就是有关"生老病死"的概念。生命始终会有结束的一天，在幼儿期也可以开始教导孩子这一点，最好的方法就是和孩子一起养育一些小小的动植物。

比如金鱼。金鱼的生命不长，突然有一天，孩子会见到金鱼翻着白肚浮在水面上。"妈妈！金鱼怎么了？"你可以告诉他们："我们有缘分遇上它，好感恩，但它的生命已经结束了。我们把小金鱼埋葬了好吗？"小孩子看到生命结束，当然有点伤感，也有点不大理解，但这是个机会，让他们知道只能接受现实。

我们家里有一株橙树，每年都有蝴蝶在叶子上产卵。孵化成小毛虫后，我们会小心地把它们带回家里，否则在外面很多时候会被鸟儿吃掉。我们把叶子摘下来，喂给小毛虫吃，养大它们。小毛虫会变成青色的、肥肥的虫，之后再做一个蛹，藏在里面。到成虫的时候，破蛹而出，变成漂亮的蝴蝶。孩子们每年都会期待这一刻。"妈妈，妈妈，蝴蝶出来了，快来看！"但蝴蝶刚出来时，不能立刻起飞，因为它的翅膀仍是湿的。等到翅膀干了，蝴蝶飞起来的时候，孩子们会很感动，欢呼拍手。很奇怪，蝴蝶飞走之前，都会绕一个圈，好像在多谢我们养育之恩一般。孩子们会向蝴蝶挥手："拜拜，记得回来产卵啊！"我们每年都会这样做，孩子们非常期待小毛虫长大、成蛹、化蝶，然后飞走。这个过程可以让孩子们领会生命的循环，有始有终。

我也和他们一起种蔬菜。比如番茄、茄子等等，都是夏天成长得很快的蔬果。成熟后摘下，做成料理，并告诉孩子，"茄子贡献了生命给我们，现在它们已是我们的一部分。生命就是这样，互相支持。"孩子还小，可能不太明白，但他们也会感受到生命的成长、结束和互相支持的理论。

所以我鼓励家长和孩子养动植物。若是家庭能够负担的话，可以养小狗小猫，让孩子感受到其他生命的可爱。因为我有一个孩子过敏，所以我家不能养猫狗，但我们会养乌龟、蜥蜴等等。其他动物的生命没有我们那么长，孩子们可以从中慢慢学到，活着的东西总有一天会离开，不知不觉认识到生命的真谛。

24　教孩子欣赏音乐

音乐对孩子的成长有很多好处。从小让孩子接触各种音乐，让他们找到最能安慰自己的一种，终生受用。有些家长喜欢训练小朋友欣赏古典音乐，也是一种方法。

在我家，则是给小朋友认识全世界的摇篮曲和童谣。他们可以跟着唱、跟着跳，乐曲的内容也非常适合小朋友。大儿子诞生时，我收集了全世界的童谣和摇篮曲做了一套专辑，时常放给孩子听，也会和他们一起唱。这就是他们的童年回忆。我的妈妈也时常唱歌给我们听。妈妈唱的童谣有很多已经失传，但仍然留在我的记忆中，所以当我做专辑的时候，把那些歌曲也录了进去。

音乐可以帮助脑袋和情绪的成长。音乐的旋律节奏能调和脑波，让孩子分泌出快乐的荷尔蒙。听到喜欢的音乐，我们能够得到安慰，不同类型的音乐也会令我们觉得兴奋，觉得快乐，觉得悲伤，感受到很多不同的情绪。小时候听过的音乐，长大之后能够勾起回忆。在什么都没有的地方，唱自己喜欢的歌曲，也能够自我安慰。幼儿期的小朋友听了音乐，都喜欢摇摆身体。所以听音乐也是一种运动，非常有益。有专家认为，多听音乐的小朋友，脑袋会发展得更好，更聪明；更有专家提出有些音乐能够提高注意力。不是所有专家都赞成这些意见，但可以作为参考。

家长不应期待听音乐能令孩子更加聪明，而是希望音乐能带给他们快乐，让他们有多一个方法欣赏这个世界，享受时间。在这个时期，我们可以让小朋友尝试学习乐器，例如用小钢琴弹出音阶，或敲响小鼓，让孩子接触旋律。孩子对音乐有亲切感之后，再学乐器就会比较容易。研究证实，学乐器能够促进孩子脑袋和身体的协调，也可以培养记忆力，是非常好的活动。

我们要注意，不是每一个小朋友都喜欢音乐的，要是他们不喜欢，就不要逼他们学。但大部分小朋友听到轻快的音乐都会很高兴，日常多给他们听是一件好事。

最理想的就是你自己唱给孩子听，因为你的声音对他们来说，就是最能得到安慰的音乐。无论你唱歌好不好，完全没有问题。因为对小朋友来说妈妈就是最好的音乐家。选择一些你会唱的歌曲，时常唱给孩子听吧。有些小朋友会随之起舞，有些小朋友听到妈妈唱情歌，甚至会落泪。通过音乐，你可以让他们感受到各种感情，令孩子变成一个感情丰富的人。每一位妈妈都是孩子最好的音乐老师，不需要倚靠别人，用你的声音已经十分足够。

我让我的孩子学钢琴，因为可以锻炼他们用头脑、用手、用脚、用眼睛、用耳朵去完成演奏，是一种高度的训练。大儿子和三儿子都没有成为音乐家，但二儿子在斯坦福大学一面攻读工程，一面攻读音乐，现在是一位业余的音乐家。他创造的音乐令很多人得到安慰，有他独特的风格。虽然他不是一位全职的音乐家，但音乐占了他人生里一大部分，所以从小给他学钢琴，教他弹吉他，完全没有白费。

在生物的世界里，只有人类能创造音乐，和从音乐中获得各种感受。音乐是我们心灵的润滑剂，令我们的每一天过得更美好。所以我鼓励家长从幼儿期开始，多让孩子们接触音乐。

25　培养孩子的幽默感

有幽默感的人往往会得到很多人的喜爱。而且在任何场合也可以带给人欢乐。他们不但自己会说笑话，也懂得欣赏其他人的笑话，甚至把一件尴尬、难过的事，变为开心滑稽的事。锻炼孩子的幽默感是非常重要的，这样他们就会成长为一个受欢迎的人。况且开心大笑对身心成长都有很好的影响，一个充满欢笑的家庭，就是孩子成长的理想环境。

　　幽默感也分很多种，譬如"黑色幽默"就是以嘲讽的方式来开玩笑。这种幽默感在朋友之间可以理解，但有些时候仍然会得罪人，所以我不太赞成小朋友以取笑人家作为笑话。但开朗的幽默感是非常可人的。如何培养孩子的幽默感呢？那不是天生的，需要环境培养。若是爸爸妈妈很有幽默感的话，小朋友自然也会学习到。但如果妈妈爸爸都比较严肃，想小朋友拥有幽默感，就一定要训练了。

　　有些方法可以帮助小朋友培养幽默感。一岁多的小朋友很喜欢看鬼脸，家长可以扮一些古灵精怪的鬼脸来引孩子笑。慢慢他们学会后，也会扮鬼脸来引人笑。这就是锻炼幽默感最初级最简单的方法。家长也可以找一些有趣的书本和孩子一起看，当发现有一些笑话是他们特别喜欢的话，你可以继续找同类的笑话，一起大笑一场。这也是一个好方法。

　　小朋友看到人家做错事时，也会觉得有趣。家长可以刻意做错一些事，引孩子笑。譬如你去开门，明明门是拉的，你去推，打不开。又譬如，食物是放进嘴里吃的，你却企图塞进鼻孔或耳朵里，这个年龄的小朋友也会大笑。

如果孩子知道你是在刻意搞笑，就表明他已经开始有幽默感了。有幽默感的人，可以开自己的玩笑，这是具有自我肯定能力的表现。所以我们要从小培养小朋友高度的自我肯定能力，那么当被人家拿来开玩笑的时候，也不会觉得难为情，反而可以取乐大家。这种的幽默感不但令孩子容易交朋友，也显得孩子有自信，不会小气，大方得体。

我们家每晚都会坐下来听爸爸讲故事，爸爸创作的主人公是"放屁太郎"，故事很滑稽，我们都捧着肚子笑个不停。孩子会要求爸爸"多说一点！多说一点！"，家里充满笑声。一至三岁的小朋友可能不懂得说笑话引你笑，但能学会欣赏别人的笑话。培养小朋友的幽默感，不但可以令孩子性格更开朗、更有亲和力，更能令家庭生活充满阳光。

26　接受差异

幼儿期的孩子不会歧视别人，歧视都是在成长过程中学会的。所以我们要小心，不能让身边的大人或自己教坏了孩子。

在美国的公园，我曾经见过有一位白人妈妈，当她的孩子想和黑人小朋友玩耍的时候，她立即把孩子拉开，带到别的地方玩耍。也有中国妈妈见到孩子想和中东小朋友玩耍，告诉孩子不要跟那个小朋友玩。不知不觉中，大人向小朋友灌输了歧视的观念。希望大家不要这样做。现在国际交流越来越多，世界已变成地球村，我们需要接受所有文化、所有差异，好让孩子明白每一个人都是平等的。

但很多时候，我们连自己也无法察觉自己做得不对。当我在斯坦福大学攻读博士学位时，我的大儿子也在校园内的幼儿园上学。那所幼儿园的小朋友的家长，大部分都是从世界各地来斯坦福读书的。幼儿园就像联合国一样，从世界各地来的小朋友集合在一起。

有一天我问孩子："那个时常和你一起玩的女孩是从哪里来的？她是哪里人？"孩子没有回答我。我再问他时，他想了一会才说："我不知道呀！妈妈为什么你这样问？她是一个好孩子，从哪里来没关系啊！"我突然醒觉，就如孩子所说，女孩从哪里来、是什么人，根本不重要。重要的只是她和我的孩子合不合得来，是否是一个好孩子。但我们大人就是好奇，想知道她从哪里来、她的背景、她的爸爸妈妈是谁等等。虽然我并不是歧视，但我着眼的地方和孩子不同，我感到有点羞愧。我对孩子说："是妈妈问错了。她从哪里来、是哪里的人完全没关系，只要你喜欢就好了。"孩子教了我非常重要的一课。

往往我们成年人喜欢先把人分类，然后才去理解那个人。但我们不应该用简易的分类方法去了解他人，应该首先看那个人的本质。幼儿期的孩子比我们更能包容别人，接受差异，所以绝对不要给他们坏影响，反而要向孩子学习，包容所有差异，祝福所有生命。

27　为孩子建立友谊

从一岁半开始，孩子会对其他小朋友感兴趣，和自己身高差不多的小朋友会让他们觉得亲近。从这个时期开始，家长可以积极介绍其他小朋友给孩子认识，让孩子习惯与他人在一起。

一开始，他们可能不会一起玩耍，只是看着对方。慢慢到两岁左右，交流就会多很多，也会开始有特别喜欢的对象，感情丰富的幼儿会开始拥抱、亲吻其他小朋友。也有些害羞的幼儿会坚持一个人玩耍，这不是大问题，但尽量让幼儿和其他小朋友交流，可以提高他们的社交能力，日后上幼儿园或小学时就不会那么惊慌。

有兄弟姐妹的小朋友会比较有亲和力，不会对其他小朋友产生抗拒。若小朋友是家中独子，家长就应努力找其他小朋友和他玩。日本妈妈喜欢带小朋友到公园交朋友，在香港如果住的地方不怎么和左邻右里交流，就比较困难。妈妈可以尝试找亲戚、朋友或旧同学等，看看他们家有没有小朋友，邀请他们跟孩子一起玩。

小朋友之间的交往，要鼓励孩子守秩序，爱护其他小朋友，慷慨分享，不能使用暴力。规矩和礼貌，是训练人与人之间关系的重点，希望孩子在妈妈看不见的地方也能够自治。教导孩子什么是应该做和不应该做的事，增加小朋友的见识。

有些小朋友天生大胆，有些小朋友比较内向，但无论他们性格如何，也需要和人交往。在幼儿期给孩子多一点表达自己和理解他人的经验，这样当孩子上幼儿园的时候，就能够发挥自如，有自信心，不会不知所措。

有些孩子，幼儿期大部分时间都和大人在一起，会不愿意结识其他小朋友。因为大人都会让着他们，他们所有要求都能被满足，但小朋友之间的交流需要学会分享、尊重和秩序，有些小朋友不习惯，因为无法"唯我独尊"而不开心。

让孩子交朋友，就是要教他们付出和接受的道理，让孩子知道自己不是世界的中心，要和其他人共处。趁幼儿期让他们明白这个道理是很重要的，否则以后要改变，就要付出更多努力。所以尽量让孩子早点接受社交的洗礼，知道世界上有其他和他一样的孩子，共荣共存。

28　不让孩子孤独

在香港，很多家庭都是把小朋友交给菲佣带的。我去附近的公园散步，常常可以看到很多幼儿期的小朋友和菲佣在一起，菲佣们自顾自谈话，小朋友坐在婴儿车里望着天空。我觉得很难过，因为其实零至三岁是脑袋发展的黄金期，就这样放置不理会，小朋友的脑袋成长不会太理想。

有时候我坐公共交通，也会看到菲佣带着小朋友一起，她们一直看着手机或和其他菲佣谈话，孩子坐在旁边无所事事，这也是非常可惜的。我们希望孩子能够有更多交流，刺激脑袋的成长，锻炼他们的社交能力。但在这个情况下，孩子的世界是孤独的。虽然旁边有很多人，但他们只是一种附属品，没有人理会。无论在什么年纪，我们都不能让小朋友变成一个孤独的人。

我们一定要请照顾者和小朋友多交流，多说话，让小朋友知道照顾者是他们的好伙伴。如果爸爸妈妈回家后也很忙，没时间好好和小朋友交流的话，幼儿期的小朋友就会被关在一个不能表达自我，亦没有人关注他的孤独世界。这个时期的小朋友需要很多关注才会相信别人，才会觉得自己有价值，才会理解这个世界。所以我们要很小心，不要让小朋友变为一个孤独的人。

"孩子还小，什么都不懂，大一点再慢慢教吧！"这种想法是错的，幼儿期是小朋友成长的黄金期，而且小朋友在这个年纪学到的东西，很多都是无意识的，要改变是非常困难的。若孩子记忆中都是美好的事，他们的人生从开始就是非常美满的。若幼儿期的记忆都是不开心的话，人生就会有一个非常孤独的开始。所以在这个关键时期，不要让你的小朋友觉得孤独，尽量找多点时间和他们交流。

和照顾者在一起的时候你可能控制不了，那么当你回家之后，就一定要多与小朋友交流。我在小朋友一岁半之前，都是带他们一起去工作的，之后才把他们交托给照顾者。而且每天晚上回来，我也会一直和孩子交流，到他们睡觉为止。我不和朋友上街，不去喝茶，不去美容院，不去音乐会……所有时间都给了孩子。因为这个时期一去不返，后悔也来不及。黄金期只有这三年，虽然之后也可以补偿，但非常不容易。

所以在这三年的黄金期，要留给孩子美满的回忆和充满爱的世界，让他们的人生有一个好的开始。不要当他们是洋娃娃或者某种物件、附属品，他们每一个都是渴望关注、渴望爱的小天使。孩子长大后会变成怎样的人，这三年的记忆有决定性的影响。正如联合国儿童基金会的研究指出，最初的一千日是人生的关键时期。无论你有多忙，到小孩子三岁为止，尽力和他们交流，让他们的人生有一个好的开始吧！

"爱在起跑线"，这句话永远是对的。

第四章

要小心的事项

29　不要只说不可以

对这时期的孩子来说，什么都是新鲜事。他们不知道什么应该做或不应该做，所以很多时候都会做出一些家长不同意的事。当孩子做错事时，家长要站在孩子的立场，理解孩子的感受和这样做的原因，不要只说"不可以"或用可怕的表情来责怪孩子，因为他们不是故意犯错的。

譬如，这时期的孩子因为未能够用说话表达自己的要求，当他们需要大人关注时，就会用尖叫或狂哭代替。很多家长只会说"不要哭！""不要叫！"但其实哭和叫都是孩子的表达方式，不是故意吵闹，孩子有所要求才会发声。家长想孩子停止哭叫，就要先找到哭叫的原因。所以你的反应不应该是"不要哭""住口"，而是"不用哭""不用叫""告诉妈妈你想怎样？"

但此时孩子用语言说不清楚，你光提问是得不到答案的，所以还要提供一些选择，譬如"是不是太热？""是不是太冷？""是不是肚子饿了？""是不是想睡觉？""是不是想回家？""是不是要妈妈抱？"，等等。这时期的孩子能理解简单的语句，会用点头或摇头告诉你。知道孩子哭的原因后，能立刻解决的就马上解决。冷了热了就加衣减衣，饿了就吃奶，等等。不可以立刻做到的事，就好好解释给孩子听。"巴士未到，到了就可以回家。""妈妈两手都是东西，抱不了。我们坐下休息，等你走得动再回家吧。"，等等。虽然年纪小，只要你耐心为他们解释，其实孩子会平静下来的。

更重要的一点是，如果不可以尖叫，又不可以哭，那孩子应该如何表达自己呢？所以，你要教孩子另外一些方法。

譬如你可以说："不用哭，不用叫。你挥挥手，妈妈就会知道。""可以拉拉妈妈的裙子。""不需要大声，用小声说就可以。""在妈妈的耳边轻声说。"，等等。跟孩子一起练习这些方法，反复教导之后，孩子就不会再经常尖叫或狂哭。

我的大儿子一岁半左右，当他尖叫的时候，我会告诉他："不需要尖叫，用小声试试看。"我请他给我听他的小声，练习了几次，他真的可以小声叫我，我每次都称赞他。这个方法很有用，我另外两个孩子都是用这个方法教导的。所以三个孩子都不会尖叫，带他们外出也不会有尴尬场面。

孩子做错事也是同样的道理，可以用同样的方法。譬如小朋友吃饭的时候把食物掉到地上，当家长的就会很生气。"不可以浪费食物！""不可以丢食物哦！"

这个年龄的小朋友，正在练习用小手拿东西和丢东西。对他们来说，这是一个里程碑，所以吃饭的时候也会把东西丢出去。你可以帮助孩子理解什么东西可以丢，什么东西不可以丢。食物是不可以丢的，但小球可以。慢慢解释给孩子听，很快他们就会明白。"吃完饭再练习好吗？"让孩子先把饭吃好，然后给他们机会练习丢东西。所以千万不要只说"不"，要教他们如何表达自己，和选择其他方式去做他们想做的事，否则孩子只知道做这件事妈妈会生气，所以不做，但因为不知道为什么，所以妈妈不在的时候又会再做。甚至有些孩子发现每次自己做那件事，妈妈就会愤怒，很好玩，当成一个游戏，故意做来惹妈妈生气！这样，孩子就学不到什么是对的，什么是错的，反而学到怎样惹你生气，变成一个恶性循环。孩子越淘气，家长越生气，但双方都未学到如何了解对方。

所以家长要小心解释给孩子知道，为什么不可以做，而且有什么其他方法可以满足要求。

30　不要骂，更不要动手打孩子

"孩子不打不会听话！""一定要知道痛，以后才不敢再做！"我常常听到这些话，但其实打骂孩子，对他们的身心有重大的伤害，不要相信打骂是唯一教导孩子的方法。

当一个人感到压力、恐慌或焦虑的时候，身体会分泌出压力荷尔蒙。压力荷尔蒙原本可以帮助人度过危机，但对这时期的小孩来说，反而会阻碍脑袋的成长。

其中最常见的压力荷尔蒙就是皮质醇（cortisol）。当孩子被责骂或受到体罚时，身体就会分泌出皮质醇，只要少量的皮质醇就可以提升孩子的警惕和能量，让他们能保护自己。但如果时常受到打骂，不断分泌出皮质醇的话，会降低孩子的免疫力，血压上升，甚至会引发肥胖的倾向，孩子长大后容易有心脏病等的问题。在幼儿期，更会影响他们的脑袋构造，导致学习能力、记忆力和思考力下降，甚至停止成长。

其次，在心灵上，打骂孩子也会对亲子关系造成不可挽救的坏影响。这个时期的小孩子，很多学习都是无意识的。也就是说，长大后是记不起如何学会的。无意识学习的东西很难改变，但会影响孩子的一生。幼儿期受到的痛苦，会在孩子心灵中变成沉痛的影子，有时会令他们不再相信别人，有时会令他们利用暴力达到目的，有时会令他们觉得无力，讨厌自己也埋怨别人。得不到父母无条件的爱，是非常可怜的一件事，其实社会上也有很多人，因为小时候受到打骂，长大后对人对事的态度都不理想。

孩子知道，他们需要你的照顾，而且他们还小根本不能还手，在无可奈何和找不到出路的情况下，被你打了，也只好默默忍受。每次受到惩罚，就赶快道歉，希望你停手。孩子道歉了，家长以为孩子学会了，就觉得事情解决了。但孩子是否真的明白了呢？他们可能只是怕痛才认错，但其实还未分清是非黑白。所以家长需要好好和孩子解释，"为什么不要做那件事"，否则就浪费了一个教导孩子的好机会。打不是教育，只是惩罚。真正的教育是让孩子明白为什么不能做，要他自愿自发地不再重复。否则，家长不在场的时候，孩子就会再次犯错。

打骂孩子，百害无一利。我鼓励家长绝对不要用打骂的方法教孩子，否则后果不堪设想。

31　危险的手机保姆

在街上或车上，当孩子不安静时，家长往往会给小朋友一个平板电脑或手机，让孩子被画面吸引，安静下来。这种"手机保姆"的现象令人担心，尤其是对一至三岁的小孩子来说，他们的脑袋和身体正在快速成长，手机和平板的滥用对他们的身心发展都有坏影响。

美国的儿科医生协会指出，两岁之前不应该给孩子接触任何电子产品屏幕，避免危害小朋友健康成长。手机保姆的确可以减低家长的负担，但最终必然是得不偿失的。

这个时期的小朋友需要和父母、朋友多交流，多观察真实的事物，以促进五感发达。触觉、味觉、嗅觉、听觉和视觉的体验，是健康成长的重要环节，这些都是手机提供不了的感觉。五感敏锐的人，头脑也灵活，想象力也丰富，吸收知识的能力也高。从小只在画面中寻找娱乐的小朋友，社交能力会比较低，面部表情不足，不能表达自己的想法，甚至不能理解对方的非语言交流，不愿与人接触，难以交到朋友。手机保姆剥夺了孩子学习打发无聊的能力，甚至导致孩子不能控制自己的情绪，喜怒无常。可想而知，家长绝对不希望自己的小朋友变成这个样子，一时的安逸，可能会危害孩子一生，真的要小心。

当然，互联网是不可避免的现实。孩子早晚需要学习如何正确利用互联网获得知识。但在零至三岁的成长关键期内，不用急于让孩子懂得这些技术。最重要的，是让孩子有一个健康成长的环境，手机和平板都会对此造成障碍。

32　关注照顾者的道德观念

父母都要工作的家庭，多数会在上班时把孩子交给保姆或祖父母辈照顾。因为这个时期的小孩子会模仿身边的人，所以要小心照顾者的道德观念是否和你保持一致。

我有位朋友，家中保姆教孩子说谎："妈妈不给你吃糖，我给你吃，但我们不要告诉妈妈。妈妈问你的时候，你就说没有吃。""妈妈说不能看电视，但我们一起看。不要告诉妈妈，妈妈问你就说没有看。"两人有很多秘密，孩子也学会了在妈妈面前说谎。

他们家里有一位菲律宾姐姐，保姆则是中国人，对姐姐的态度非常差，还告诉孩子："他们都是野蛮人，不需要对他们好。"孩子因此学会了歧视，有时会打姐姐，用凶恶的态度对待她。

家长看到觉得很奇怪，这是从哪里学的呢？孩子还小，不能解释。父母问菲律宾姐姐才知道，是保姆教孩子的。姐姐更告诉家长，他们不在的时候，孩子会吃糖，也有看电视。父母这才知道保姆的道德有问题，急忙换了人，还在家里安装摄像头，以后小心观察保姆和孩子之间的交流。但保姆对孩子的影响已经很深，要重新教孩子做一个诚实善良的人并不容易。所以家长一定要小心，不要让照顾者教孩子做坏事。

即使是亲人，道德观念也可能和你有出入。我有一位朋友，她是和平主义者，不会给孩子玩模仿武器的玩具。她和孩子的关系很好，孩子有什么事都会跟她说。朋友有一位妹妹，有些时候会来帮忙带孩子。有一次朋友出差，妹妹来当保姆。朋友出差回来，见孩子的情绪好像有点不稳定，于是问孩子发生了什么事。孩子拉着妈妈到房间，指着床下的盒子，妈妈打开一看，是玩具枪！妈妈问："是姨姨买的吗？"孩子点头，拿起玩具枪向爸爸开枪，爸爸难过极了。

朋友很生气，妹妹明明知道她的教育方针，却偏偏要反其道而行，买玩具枪送给孩子。她不知道如何处理这个问题，面对着两岁多的孩子，迷惘了。后来她再三教导孩子，强调武器不是玩具，不能以战斗和伤害人为娱乐，从此也不再邀请妹妹来带孩子了。

可见，照顾者对孩子的影响是很大的。唯有从小向孩子灌输正确的道德观念，希望他们能够自治，保护自己。但这年纪的小朋友最容易受影响，所以真的要小心。

我也是不让我的孩子玩武器玩具的，有时候亲戚送礼物，有玩具枪、坦克车、玩具刀等等，但因为孩子从小就知道这些玩具宣扬暴力，所以收到这些礼物也不会拿来玩耍。在他们一至三岁时，我就很明确地表达，所有武力都是没有好结果的，无意识中他们学会了这个道理，所以不会玩那些玩具，长大后都是和平主义者。

33　不要用物质奖励孩子

小朋友做了好事，家长应该奖励他们。但是用物质作为奖励，这不是一个好方法。因为一旦小朋友养成习惯，就会觉得他们做每一件事都应该有物质回报，否则就觉得不合理，于是就不去做。

以前也说过，我们应该教导孩子，做事不是只重视成果，最理想的是能够享受过程，而不是执着于得到回报。那么如何奖励孩子呢？我们可以做一些令孩子高兴的事。这个年龄的小朋友，有很多事情都能令他们兴奋和开心的。譬如和他们一起吹泡泡，玩捉迷藏，一起等爸爸下班，去公园寻找美丽的小石头，等等，他们都会觉得很好玩。

甚至做家务，对他们来说也是一种游戏。请孩子帮你擦桌子，帮你收拾鞋子，帮你把衣服收进衣柜里……

在我们看来是一项任务，但对小孩子来说已经是一种奖励。孩子做得好，你就告诉他们，下次也和妈妈一起做，他们已经会很开心。但如果孩子每做完一件事，你都给他们一点物质奖励的话，他们就不会觉得这件事有趣，物质回报才是最大的目的。那么他们就会忘记过程，所有注意力都放在快点做完，得到回报。孩子可能会变得粗心大意，甚至没有心情好好学习。

如果孩子每做一件事你就给一个糖果或者零食，变成习惯后，孩子会说，"妈妈我做好啦！"等着你给糖果。要是你不给糖果，他们会觉得你不欣赏他，不爱他，他已经做好了自己的部分，你却没有付他应得的报酬。他们会觉得受骗了，吃亏了，下次你要求他们做事时，就会和你谈条件。

我有一位朋友，每逢孩子完成了什么事，就会给他一点零食或买一个玩具。孩子变得很任性，要求也越来越多。因为小时候是这样对待的，长大后也是一样。"要我考大学，那么考上之后，你要给我买一辆车。""你想要孙子，就要给我买一层楼。"，等等，好像什么都是应得的。朋友拒绝他的要求，他就说，"你从来都不爱我！你根本不当我是孩子！你有的是钱，为什么不买给我？"孩子这样说，令朋友非常难过，现在很后悔："可能因为从小他每做一件事，我都给他物质奖励，所以长大之后，他也觉得是应得的吧。"

所以不要轻视小时候养成的习惯，可能真的会影响孩子的人生观。没有回报就不做事，这种想法会令孩子变成一个斤斤计较的人。若没有足够的回报或金钱，就觉得不需要用心做事，因为怕吃亏，反而失去好机会。我们希望孩子成长之后能够找到自己喜欢的工作，可能回报不多，但觉得很满足。

如果每一件事都要讲条件，那么人生就是以利害关系来衡量自己的价值。人的价值是不能用物质来衡量的。我们希望孩子心里知道，做一件事不是要渴望回报，而是要知道这件事是否值得做。做自己觉得值得做的事，才能找到真正的快乐。所以我们绝对要避免，从小用物质来奖励孩子。

34　不要追求结果

父母教孩子做每一件事，当然都希望孩子能够成功，做得圆满，学得快。但那是奇迹。小孩子做每一件事都是一种新尝试，一个新挑战，所以家长不能太急于要求结果，否则会令孩子感到很大的压力。若孩子产生挫败感，觉得自己做不到，可能会学会半途而废，变成一个没有毅力的人。

不要以为逼迫孩子就能锻炼他们的毅力，其实不是每一个孩子都能承受那么大的压力，有些孩子会用消极的方法抗拒，不再努力完成任务。所以我们应该重视的是过程，而不是成果。譬如，家长在网上看到，这个阶段的孩子一般可以叠五块积木，"为什么我的孩子只能叠三块？"因为担心，逼孩子努力达成五块的目标。孩子不喜欢继续做下去，但妈妈还是不甘心。妈妈不要着急。每一个小朋友的成长速度都不同，只要完成了三块，你已经应该奖励孩子，让他们用自己的步调去完成面前的挑战。

又譬如，你准备了食物，觉得孩子一定要吃完。但可能当天孩子的胃口不好，于是你就一路追着喂他们吃饭。其实不一定要吃完那碗饭的，待会再吃别的东西也可以。要是这样逼孩子的话，他们会对吃饭产生抗拒，每次你希望孩子多吃一点，他们就会跑来跑去，甚至把食物吐出来。吃饭应该是一个快乐的过程，让孩子按自己的步调选择吃饭的时间，和喜欢吃的东西。尽量给孩子提供各种有营养的食物，让他选择。一顿饭的食量小，分开两三顿也可以。

有些妈妈已经送这个年纪的孩子上兴趣班，发觉其他小孩子的某些能力比自己的孩子优秀，觉得自己的孩子不如人家，产生忧虑。请不要比较，拿孩子和其他人比较，会影响孩子的自我肯定能力。接受孩子有自己的速度，慢慢教就可以。

有些孩子过了一岁已经会叫爸爸、妈妈、公公婆婆，但有些孩子还未发声。有些孩子一岁半已经可以说几句话，但有些孩子还未能够把声音组成一个句子。不要焦急，不要紧张，这都是正常的。不要逼你的孩子学太多东西，尽量给他们机会自己学习。否则孩子长大之后，没有人推动，他们就不会自己积极学习。

所以家长要改变思维，渴望的不是孩子能够成功做到每一件事，而是他们愿意尝试和挑战自己。最重要的是过程。孩子能享受学习过程的话，就能成为一个好学的人。说是容易，做起来很难。从小到大，社会都重视成果，而不是享受过程，所以带孩子的时候，家长也容易出现错误的想法。但请相信我，若孩子在过程中感到痛苦的话，以后就会逃避学习，不会积极求学。即使学得比较慢，只要能享受学习过程的话，他们就会变成一个好学的孩子。希望家长一定明白这一点。

35　不要教孩子用金钱换取娱乐

在香港，有许多爸爸妈妈带孩子到外面玩的时候，都会选择到游乐场或商场走走，吃饭购物等等。这种娱乐方法有一个弊病，就是都需要花钱，让孩子觉得没有金钱就没有娱乐，用金钱可以买到娱乐。

在玩具店，时常听到家长对小朋友说："妈妈没钱，买不了。"孩子觉得很可惜，因为妈妈没钱，不能满足自己的要求。要是有钱的话，什么都可以买得到。孩子会把金钱和快乐联系在一起。要是我们不带孩子到玩具店，他就不会觉得没有钱是可惜的。

尽量不要让孩子用金钱换取快乐。譬如前面也提到，家长可以带孩子到博物馆、美术馆，去爬山，去踢球，等等，都是对这个年纪的小朋友来说非常有娱乐性的节目。我们不希望孩子养成一个错误的金钱观念，认为快乐是可以用金钱买到的。要看书就去图书馆，想玩耍就到公园，都是不需要花钱的。我们希望孩子知道，人生最珍贵的事物是不能用金钱买到的，譬如亲情、友情、大自然，和喜欢的人度过的时光，等等。从幼儿期开始教孩子不同的小游戏，和他们一起玩耍，刺激他们的脑袋和身体成长，不要让他们有消费的习惯。

家长是孩子的榜样，若父母在家时常都说有钱没钱、不够钱等等，小朋友就会觉得钱是最重要的，没有钱就不能够得到快乐，没有钱就不能够拥有幸福的人生，这种想法会把小朋友变成一个被金钱控制的人。当然，为了生活，每个人都需要有一定的收入，但若用金钱换来快乐，那种快乐是不长久，而且可能是不真实的。

为了让孩子学到这个人生道理，在他们幼儿期也要小心，不要把他们变成消费者。

第五章

幼儿期的基本疑问

36 什么时候离乳?

　　母乳喂养的妈妈有一个烦恼,就是什么时候离乳?以前的专家说八个月左右比较合适,因为过了八个月,母乳就不足够满足孩子的营养需要,那么可以在这个时期断奶,慢慢改用奶粉代替,再配合其他食物。但现在的专家说,不需要规定什么时候离乳,若孩子有需要的话,到三岁也可以吃母乳。

　　以前,小孩子两岁还吃母乳的话,可能会被人取笑。"那么大还吃奶,真羞人!"但专家表示,孩子过了八个月之后,吃母乳并不是为了摄取营养,其实是一种母子交流。所以只要母亲和孩子都愿意的话,继续吃母乳并不会有什么坏影响。虽然我个人觉得到三岁为止是有点太迟,但问题也不大。

　　我家的情况是,喂母乳是大约到孩子一岁八个月。原因是他们那时走路已经走得很好,而且也学会了吃很多东西。母乳只是一种母子交流,只要我和孩子沟通得好,吃母乳与否并不会影响我们的关系。

　　离乳是一件非常痛苦的事。因为孩子已经习惯了,见到妈妈就会想吃奶，当你拒绝喂奶的时候，孩子就会觉得很难过。但一岁半的孩子已经开始能够明白一点事理，好好解释给他们听，孩子会明白的。

记得那时我抱着孩子，他哭得很厉害，我心痛极了，一直告诉他："是时候断奶了，要开始多吃其他食物呀！""妈妈也很痛苦，我知道你也痛苦啊！但我们一定要经过这个阶段哦！"一边说，一边为孩子唱摇篮曲，真的非常辛苦，整晚睡不着。中途爸爸也来抱孩子，孩子饿了就给孩子喂奶粉，大约一个星期才成功戒母乳。

但离乳之后妈妈仍然要受苦。因为乳房还未回奶，会肿起来，很痛，但又不能把奶泵出来，否则乳房会继续制造更多母乳，所以只好忍耐；况且心理上也会觉得有点失落。孩子也是一样，这个时候要多关注孩子，让孩子明白就算不再吃母乳，母子也可以有很好的交流，否则彼此都会有一种失落感。

离乳之后的妈妈，有一段时期会感到特别疲倦。因为在怀孕和喂母乳的时候，你体内的荷尔蒙分泌是不同的，会令你觉得很精神，即使身体很疲倦，也不会太辛苦。但离乳之后，妈妈身体恢复正常，一直支撑着身体的荷尔蒙不再分泌，会有令人崩溃的感觉。我记得我第一次停止喂母乳的时候，身体累到呕吐，觉得很虚弱，情况一直持续了两三个月。离乳后，妈妈会恢复月经，第一次月经前后会觉得非常疲倦，所以要好好补身体，吃点有营养的东西，多休息，好好照顾自己，否则会损伤身体，甚至影响下一胎。离乳后，妈妈就可以重新怀孕，所以若不想立刻怀第二个孩子的话，就要开始避孕[①]。

我是非常赞成妈妈喂母乳的，借此可以建立一段健康的母子关系，让妈妈真的变成一位妈妈，也让孩子感受到妈妈的爱。而且对从刚出生到六个月左右的孩子来说，母乳是最好的营养来源，若妈妈身体健康，就尽量让孩子感受吃母乳的幸福吧。从六个月开始已经可以戒奶，若希望继续的话，也能喂母乳到三岁为止。

勇敢的妈妈们，坚强一点，和孩子一起克服和度过这必经的成长里程碑吧。

---

① 编者注，科学研究，即便仍在哺乳期，也有怀孕的可能，妈妈们要非常小心。

37　教孩子自己上厕所

　　幼儿期也是训练孩子自己上厕所的时期。有些小朋友进了幼儿园仍然要用尿片，有些孩子已经会自己上厕所。我鼓励爸爸妈妈早点训练孩子。

　　我很早就让我的孩子练习上厕所。我会抱着孩子，让他们坐在我前边，刚好小屁股就在马桶上面，然后我就会用声音诱导他们大小便。我从他们大约九个月开始就做这个训练，孩子们很快就不再需要用尿片了。他们很喜欢上厕所，因为干净又舒服。

　　停用尿片的初期，难免会出意外。例如坐车的时候他们突然忍不住，把我衣服都尿湿了。但这些情况都在预期之中，所以我不介意。我会告诉他："下次要早点告诉妈妈呀！"对孩子来说，小便是比较难控制的，大便就容易很多。

　　从孩子很小的时候，已经可以开始训练他们大便。我会把尿片打开，用手指按着孩子的心口，"唔、唔"地做出用力的表情，孩子真的会用力去推。当他们真的把大便推出来的时候，初时会觉得很奇怪，但慢慢习惯之后，就会觉得这样做很舒服，很高兴。尤其是我最开始带他们上厕所的时候，孩子听到自己小便的声音和大便掉到水里的声音，会觉得很有趣，和我一起大笑。之后每次我帮孩子上厕所，他们都会很兴奋。有很多方法可以帮助你的孩子喜欢上厕所的。

刚刚停用尿片的小朋友，在晚上尿湿床单，也是预料之中，你可以铺一层隔尿垫在他的床褥上，那么湿了也容易处理。孩子尿床也不要责备他，因为这是很自然的。早上起来，发觉床单是干的话，你应该赞赏他们，说："你真厉害！晚上没有尿床！妈妈很骄傲！"这样孩子会开始学习控制自己。

让孩子学会自己上厕所，是家长的一个大课题，但不要太紧张。有些孩子到三岁还在用尿片，家长也不用着急，慢慢训练吧，很快他们就能够控制自己，跟你说"我要上厕所"。要训练他们知道什么时候想上厕所，并且说出来。到不需要尿片，又能独立上厕所，孩子就真正从幼儿变为一个小朋友了。

38　开始为孩子储蓄

养育孩子时，我们需要有保险，需要有计划。其中一个计划，就是要准备一笔盈余以应付孩子求学、治病等等。

孩子诞生后，我立刻为他们开了一个银行户口，为他们储蓄。过年过节，有亲戚朋友给他们红包，零至三岁的孩子用不到钱，所以我都会帮他们存起来。如此这般成了习惯，我家的孩子都不会要求用红包的钱。那么多年储蓄下来，也成了一笔不小的款项，到他们大学毕业的时候，全数交还给他们。他们买了一些生活上必需的东西后，用剩下的尝试拿去投资，现在已经赚了不少钱。

有些家庭需要存孩子的教育费，我鼓励家长从孩子出生就开始计划，一个月要储蓄多少才足够支付大学的费用。可能你觉得一岁的小孩子不需要银行存款，但其实这对自己和对孩子都是一个好习惯。一方面警惕自己需要有余钱为孩子的未来着想，另一方面可以让孩子知道储蓄的好处。

现在大儿子也开始为她的女儿储蓄，准备上大学时的费用。从小我为他做的事，他现在为他的女儿做，我看到很欣慰。孩子们不是守财奴，是真的没有太多物欲，不喜欢买东西。他们用钱的方法，是例如一家人去旅行、去上课，或吃一顿好的，等等。因为他们的收入不错，所以银行里都有足够的存款，要是需要休息，放下工作也完全没有问题。在我来看，这就是有一点积蓄带来的自由。为了孩子未来的自由，赶快为他们养成储蓄的习惯吧。

39　可否将孩子交给老人家带？

有一位妈妈想回到工作岗位，问我："可否将孩子交给老人家带？"其实对很多年轻父母来说，请老人家帮助带孩子不是一种选择，而是必然。

在香港，很多家庭都会雇用外佣来带小朋友，但也有家庭始终觉得交给老人家带比较安全和温馨。我觉得这是没问题的，唯一的问题，就是当你和老人家之间的教育观念有分歧的时候，你应该如何处理呢？

我也收到很多妈妈的问题，说和老人家的意见有分歧时很难受。我觉得要改变老人家的思维是不可能的，所以最重要的不是改变老人家带孩子的方针，而是你和你的孩子之间要有非常好的沟通。

如果发现孩子有些言行和你教他们的不同，问问孩子是谁教的，那么你就可以给他们做出修正。不可以在孩子面前说老人家的坏话，反而应该感谢他们愿意照顾孩子。但也要告诉孩子，教育的责任全部在爸爸妈妈身上，爸爸妈妈会全心全意爱他们，引领他们走向一条更正确更快乐的路。

有些时候父母的想法可能和老人家不同，让孩子说出来，一起讨论如何解决。有些时候，可能老人家的想法比我们更有智慧，那么我们就可以赞同；但有些时候，我们的想法才比较符合时代，那么就可以劝孩子跟从我们的做法。并不是要去改变老人家，而是你和孩子有足够的沟通。告诉孩子，老人家的教诲不一定全部都是错的，但有些时候追不上时代。有些习俗以前是允许的，现在可能不行。因为时代变化了，有怀疑的时候一定要和妈妈讨论。

"家有一老，如有一宝。"老人家的智慧很多时候都值得我们去学习，家长应该抱着谦虚和感恩的心请老人家带孩子，但也要谨记孩子是面向未来的人，有很多知识需要你灌输给他们。所以你一定要和孩子说清楚，最后的决定权是掌握在妈妈、爸爸和孩子手里的。

40　什么时候让孩子一个人睡？

一至三岁的小孩子，很多仍然是和妈妈一起睡的。可能是同床，可能是同房。记得三十多年前我生孩子的时候，有很多专家说："应该和孩子分房睡，否则孩子就不能够建立独立的思维。"但现在的专家经过很多研究，改变了以前的说法。他们指出，是否与孩子分床分房睡觉，并不会影响孩子独立，两者是没有必然联系的。让孩子睡得好才最重要，同房同床也没有问题。

那什么时候开始可以让孩子一个人睡呢？我的做法是先把床准备好，然后告诉他们："你们的小床已经准备好了，随时都可以去试试看。"小朋友就会去试试看。有些时候睡到半夜，他们又会跑回我们的床上。但如此这般，慢慢习惯，他们就会喜欢上一个人睡。

让孩子自己选择什么时候分床睡，也是一种培养自立的方法。我的孩子们大约六至八岁开始就自己一个人睡。这可能是比其他孩子迟一点，但我不认为他们没有独立性，成长得也很正常。专家没有建议一个应该分床睡的年纪，每一个家庭都可以有各自的方案。分床也好，不分床也好；分房也好，不分房也好，并不会影响孩子的成长。不过夫妇感情可能会因为与孩子同睡而受到影响，这一点需要两人共同考虑。

有兄弟姐妹的家庭，孩子分床、分房睡比较容易。因为他们不是一个人睡，不会怕黑，不会寂寞，能够更早离开爸爸妈妈自己睡觉。若家里只有一个孩子，家长希望孩子自己睡觉的话，可以睡前为孩子读书，等他们睡着之后才离开。也可以告诉孩子若半夜感到害怕的话，随时可以来找妈妈，那么孩子就会慢慢学会自己睡觉。

一至三岁的时候，除非孩子喜欢一个人睡，否则如果他们想和你一起睡觉，就不应该强迫他们分开睡，否则反而会令孩子害怕。

孩子的心灵需要安慰，和孩子一起睡，他们也会睡得比较好。睡得好的小朋友会更健康，心情快乐，容易带。睡得不好的小朋友，成长容易出问题，比较容易病，容易发炎；当身体不舒服，会容易哭，容易发脾气。

好的睡眠是健康成长的绝对条件，所以不要以为："他已经两岁，一定要分房睡！否则会永远依赖妈妈。"这是没有科学证据的想法。零至三岁的孩子，不需要强迫他们分房或分床睡。

41　要上兴趣班吗?

很多妈妈问我："一至三岁的小孩子需不需要上兴趣班？"我的孩子从两岁半开始上幼儿园，到三岁之前都没有上兴趣班。但我姐姐的孙儿孙女都是在两岁左右开始上兴趣班的，最早的从一岁已经开始。看着姐姐的小孙女，似乎非常喜欢上课，也学了很多东西。可能年轻家长觉得去上课比一整天和佣人姐姐待在家里更好吧。这是时代的变迁，大人对小孩子的期待不同。

我觉得只要孩子喜欢的话，上兴趣班不是一件坏事。但如果孩子觉得有压力或不愿意，兴趣班反而会影响他们的情绪。上兴趣班是希望孩子能够学到更多东西，不应该是为了增加他们的竞争力，进入一间好的幼儿园，然后进入一间好的小学。父母的这种心态会在不知不觉中加重孩子的压力。

这个时期的小孩子，每天都应该是快乐的，让他们在无意识中创造无数美好的回忆，觉得人生充满美好。到他们长大，遇到挫折或痛苦的时候，就能够回想儿时的快乐，得到心灵的安慰。所以若兴趣班变成孩子的一种压力，我就建议不如不上。不上兴趣班的时间，可以用来和孩子交流，建立更好的亲子关系。

如果你白天要工作，又不想把孩子交给照顾者，怕他们得不到充分的刺激，送他们上兴趣班更加安心，那么请选择一个以游戏为主的，而不是填鸭式灌输知识的兴趣班。

送孩子上兴趣班，并不表示你就可以忽略与孩子交流的时间，孩子需要人呵护，需要人爱惜，需要人让他撒娇。所以和妈妈的肌肤接触、有温馨的交流是非常非常重要的。家长不但想小朋友脑袋发育得好，也希望他们感受到这世界是温暖的，有可靠的人。要让孩子相信他们值得被爱，也有能力爱人。这都是需要在这期间灌输给孩子知道的，兴趣班不一定能够达到这个目的，只有家长的爱才做得到。

况且，这个时期的小朋友每天需要三小时自由玩耍的时间，而最理想的是户外活动。那么，上兴趣班会不会减少了自由玩耍的时间呢？这也需要好好考虑。这时期的孩子，每天要睡九至十一个小时，再加三个小时玩耍，还有一日三餐，和爸爸妈妈交流，剩下的时间不多，所以要做好时间管理，不要花太长时间在兴趣班上。

更不要让孩子上好几个兴趣班，那么年幼就已经忙得喘不过气来。人生很漫长，孩子以后还会有十八至二十二年的学生生涯，若能够在幼儿期自由玩耍，才是比较幸福的。所以，如果爸爸妈妈希望送小孩子上兴趣班，真的要好好考虑清楚。

42　什么时候多生一个孩子？

有很多妈妈都不知道，什么时候才适合生第二个小孩。联合国儿童基金会提议，两个小孩之间最少相差三岁，也就是说，当第一个孩子大约两岁之后才重新怀孕。

原因是零至两岁的孩子需要妈妈的照顾，妈妈的身体也需要时间恢复，特别是喂母乳的妈妈。很多妈妈在喂母乳的时候是没有月经的，离乳之后才怀孕比较好。第二个孩子出世时，如果第一个孩子已经有三岁左右，开始能明白一些道理，也能用语言表达自己，妈妈的负担就没有那么重，而且身体有足够的时间恢复，有带初生婴儿的气力。

有些妈妈会多等几年才生第二个孩子，这也是可以的，两个孩子之间的岁数有差距也不是大问题。父母处理得好，孩子反而可以成为妈妈的助手，一起照顾弟弟或妹妹，兄弟姐妹的关系会更加和睦。

但如果两个孩子的年龄太接近，譬如只相差一岁，甚至一个年头一个年尾的话，很多方面会加重妈妈的负担，也影响孩子的身心成长。按联合国儿童基金会的统计，如果兄弟姐妹的岁数相差太近，有可能影响个别孩子的营养吸收。例如每年生一个孩子的家庭，大孩子已经懂得自己吃饭，可以吃多一点，最小的孩子则有妈妈照顾，也不会有大问题；但排第二的孩子，那时刚一岁多、两岁，往往容易被忽略，出现营养不良。要是你想生几个小朋友，一定要注意不要让任何一个孩子被忽略。所以我鼓励妈妈不要太急，如联合国儿童基金会所提议的，等到大孩子两岁多才开始怀孕。

我家的三个孩子，大儿子和二儿子相差三岁，二儿子和三儿子相差七岁。他们感情很好，没有嫉妒，互相照顾，我觉得很欣慰。我生了大儿子之后，也曾经担心过："我那么爱他，若我生了第二个孩子的话，我的爱够用吗？会不会摊薄我对大儿子的感情？"但到二儿子出生后，我发觉我不但能同等地爱他们，而且妈妈的爱就像一个气球，随着孩子越多，气球会越大，绝对不会不够用的。那种感觉很幸福，令我很自豪。

生完二儿子，我觉得够了，就一直没有想过会生第三个。当我知道自己第三次怀孕的时候，我觉得很突然，也很惊喜。生下来后，看到大儿子和二儿子有很大的改变，我邀请他们和我一起带弟弟，让他们做"小爸爸"。他们真的变成了有责任感的哥哥。而且因为从小照顾弟弟，现在大儿子做了父亲，照顾自己的女儿也很熟练，比他妻子还有信心。这也是有兄弟姐妹的好处。

有兄弟姐妹的孩子，长大之后也有依靠，爸爸妈妈离世之后，也仍然有亲人。每个家庭的情况都不同，但若有条件多生一个孩子的话，对你现在的孩子来说，应该是一件好事，可以考虑一下。

43　为你不在的时候做准备

很多朋友做了妈妈之后，最担心的就是，若自己有一天不在了，孩子怎么办？所以应该在孩子小时候就做好准备，万一自己不在的话让谁带孩子、如何保障孩子有一个稳定的未来。

当然，最适合担任这角色的就是爸爸，所以要教会爸爸如何带孩子，要他了解孩子生活的所有需要，也应该和他讨论你的期望。譬如，你愿不愿意他在你离开之后再婚？若你不愿意其他人带你的孩子，应否拜托其他亲人帮忙，譬如你的姐妹或妈妈？这些问题非常敏感，应该好好想清楚。

我生孩子之前，曾经对我的丈夫说，若我生孩子的时候不幸去世了，希望他能尽全力带好孩子。如果他要和其他人结婚，要先考虑那位女士会不会对我的孩子好，不要因为自己喜欢那个人，就随便结婚。我更对他说："你可以和任何人交往，但如果她对孩子不好的话，请不要强迫孩子认她为妈妈。"我说："你真的要结婚，而那位女士不接受我的孩子的话，请把孩子交给我姐姐带。"

这些事，夫妇俩需要说清楚，因为孩子的未来在父母的手里，妈妈需要有计划以保障孩子的未来。孩子开始成长，我也同时培养爸爸带孩子的知识，让他知道如何帮助孩子脑袋成长、轻松学习、社交力强、善良诚实、对生活充满热诚、对未来充满梦想。我把我拥有的所有教育知识，都尽量和他讨论，希望他也能够学会带孩子的方法。

很幸运，在带孩子的过程中，一直没有什么大问题，直至三儿子上小学的时候，我患上了乳腺癌。那个时候，我真的很惊慌，怕看不到孩子长大。当时我和丈夫讨论过，若我真的不在的话，他应该怎样做。我说："你应该再婚，但千万不能让我的孩子受苦。哥哥们已经是大学生和高中生，不会太受影响。但老三只是小学生，若是继母对他不好，我会很伤心。"幸好我的癌症发现得早，所以接受了五年的治疗之后，我到现在还是很健康，孩子也都已经长大成人，我的责任可以说是完成了。

但年轻的家长们，请坐下来讨论一下，若其中一方不在孩子身边的话，应该如何处理。有备无患，有计划就不会惊慌。为人父母，我们不单是为自己活着，也是为家庭、为孩子活着，所以计划人生就成了非常重要的任务。不单是自己的人生，连自己不在的时候、家人的人生都要计划好。

而且这些事不能一个人做决定，所以鼓励你和伴侣好好谈一谈，这是当上妈妈之后必经的过程之一。

加油！

第六章

创造快乐家庭

44   做孩子的啦啦队

这个时期的小孩子特别需要鼓励。因为他们做每一件事都不知道对错，所以他们会关注你的反应，留意你的表情和所有小动作。你表示赞赏的话，孩子就会知道这件事可以重复做；你反对的话，他们就会知道那事不应该做。

当孩子做了危险或不应该做的事时，需要好好告诉他们不可以做。表达要清楚，但不要吓他或打他。孩子做得好的时候，你要反复赞赏，夸张一点也可以，例如拍手，微笑着告诉他们"你做得真好，妈妈很高兴""真乖""太好了"，等等。甚至跳舞，抱起孩子亲吻，都是很好的表达方法。

这个时期的家长就像是孩子的啦啦队，孩子每做到一件事都值得庆祝。兴奋地跳起来，鼓掌，欢呼，让孩子感到骄傲。不用感到害羞，全心全力地做你孩子的啦啦队吧！反过来，要是孩子做得不好，不需要大呼小叫，只需要摇头告诉他们这是不能做的。孩子会很小心观察你的表情，重复教诲的话，他们会明白。不要尖声大骂，否则孩子会很惊慌，甚至哭起来，无法理解你的话，所以一定要平心静气地说。

譬如孩子想伸手碰火，你要抓着孩子的手告诉他，这样会烧伤。你可以用表情告诉他们烧伤有多痛，反复教导，直到他们明白为止。又譬如孩子动手打人，你要握住他们的小手，告诫那不可以做。这些都是要不断重申的。有很多妈妈说，"小孩子做危险的事的时候要打！否则他们不会明白。"如果孩子只是因为怕被打才不做某件事，根本不算真正学懂背后的道理。可能在你看不到的时候，他们按捺不住好奇心，就会再做出危险的事。所以一定要冷静地、反复地告诉孩子。

对待这个时期的孩子，一方面要夸张地赞赏，另一方面要平心静气地教导，所以家长需要锻炼自己各种表情。表情不丰富的妈妈会觉得有点困难，但只要你用心表达，面前是你的孩子，他们一定会明白的。含蓄的表达在这个时期是没有用的，小孩子不会理解。

父母是孩子的忠实粉丝，也是孩子最大的支持者。他们每做到一件正确的事，请去给他们捧场，令他们觉得学到一件事或做得对的时候会令你高兴。那么，他们就会觉得自己是有价值的孩子。

45 和孩子一起画画

一岁半左右，有些孩子已经会拿起笔在纸上画东西，这是很好的迹象。有些专家说，不要太早教孩子写字，但我们不是要逼孩子写字，而是让孩子用画画的方式表达自己。从孩子选择了什么颜色来画画，可以看到孩子的心情。当然，这年龄的孩子画画，未必会画得很好，父母应鼓励他们，甚至和他们一起画。让孩子用各种方法表达自己，有些时候甚至不用笔，而是用手沾上颜料来画。

孩子画什么你都可以赞赏，然后和孩子一起联想，他们画的是什么。要是画上用了蓝色，你可以说："啊！好像天空，也好像海水！"用了红色，你可以说："像花朵！"用了黄色，你可以说："像太阳！"如此这般，慢慢孩子会明白，他们可以用画面来表达看见的东西或幻想的东西。你可以先教孩子画圆圈、画曲线、画直线，等等。那很快，你就可以开始教他们写字。

不是每一个小朋友都喜欢写字，所以你要从小培养孩子不抗拒。让孩子知道，写字能表达自己的感受，而多一种方法表达自己是非常好的。当他们学会写字，就会知道除了画画之外，还可以用文字来表达自己。若他们已经养成一个好的阅读习惯，就会更能欣赏文字。

有些小朋友画画特别有天分，从小就对颜色、对形状和空间的处理有独特的风格。若孩子真的有天分的话，你可以鼓励他们多用画画来表达自己。在心理学上，小朋友的画是心灵的天窗，从中可以看到孩子说不出来的感受。透过画画，更可以舒缓孩子负面的情绪，譬如惊慌、忧虑、悲伤，等等。若孩子的画色调从黑色、灰色变为红色、黄色的时候，就代表孩子的心理状态开始改善。

有一个能帮助建立亲子关系的好方法，就是和孩子一起画画。你画一笔，他画一笔，组成一幅美丽的图画。通过画画，孩子会感受到你的情绪，也可以表达自己的情绪，不用说话也可以互相理解。

我在斯坦福大学攻读博士学位的时候，一到考试，宿舍内就会有学生集合在一起填色。因为这是一个能舒缓紧张的非常有效的方法。填色 30 分钟，再回房间温习，会发觉自己的注意力都回来了。当孩子情绪不稳定的时候，我会让他们画画，舒缓压力，让心情轻松下来。

我鼓励家长和一至三岁的孩子一起画画，因为这是最容易帮助孩子表达自己的方法之一。

46　爸爸的角色

有很多爸爸不太踊跃参加孩子这个阶段的教育，可能因为他们没有自信，也可能是觉得孩子还不懂事，不知道怎样交流，有些爸爸甚至会觉得孩子很麻烦。若你的丈夫也是这样，你一定要开始训练他，改变他的思维，令他成为一个值得骄傲的爸爸，这点非常重要。

因为妈妈十月怀胎把孩子生下来，当妈妈的感受是非常深刻的。但爸爸没有经历怀孕和生产的痛苦，当爸爸的感受就没有那么深刻，所以我们要多给爸爸一点机会去学。例如让爸爸多抱孩子，这其实是非常适合的，因为爸爸比较强壮。孩子习惯了在爸爸的怀里，会开始喜欢爸爸，爸爸一抱，孩子就会停止哭泣，爸爸会觉得非常骄傲。

当孩子学会走路的时候，你可以说："妈妈要去聚会，今天你和爸爸玩吧！"离开前，要好好教爸爸处理每一件事情。如果爸爸做得不错，过两个月你又可以说："妈妈要回娘家住一个晚上，爸爸你能够照顾好孩子吗？"

这个决定是有挑战性的，而且有点危险。可能爸爸做得不太好，但是你要给爸爸和孩子机会，让他们在没有你的情况下交流和共同生活。当然你要做好准备，例如告诉爸爸孩子的衣服在哪里、孩子喜欢吃什么、紧急时联络谁、医生的电话号码，等等。若孩子已经开始上幼儿园，也要知道老师是谁、孩子最喜欢的同学是哪一位，等等。

我跟我的丈夫说："要是明天我有什么三长两短，你可以立刻照顾好孩子吗？你要做好准备，有事发生的时候，你要能又当爸爸，又当妈妈。"然后我就告诉他孩子的一切大事小事，后来他真的很积极参与育儿。当第二个孩子出生后，他发觉我一个人带两个孩子真的很辛苦，就更加努力付出，变成一个十分令人骄傲的爸爸。

人们常说，"爸爸没有妈妈那么耐心"，其实也不一定的。很多爸爸也非常有耐心，也有很多妈妈容易不耐烦，因此不是性别问题，是个人的性格不同。对孩子来说，有一个关心自己的爸爸是非常幸福的，所以我非常鼓励大家在这个时期多让你的伴侣带孩子。当孩子开始走路，约两岁多、三岁的时候，就可以让你的伴侣带孩子到外面玩耍。玩耍的时候，你和爸爸的方法一定会有点不同，也是孩子学习新知识的机会。起初爸爸可能不习惯，手忙脚乱，孩子觉得有趣，亲子关系会越来越好。让爸爸有当爸爸的自觉，那么他在育儿方面的角色就会提升很多。

我记得孩子小时候，让爸爸带他们上街，发生了几次惊险的意外。有一次孩子在泳池滑倒，撞伤了头，有一次在地铁中呕吐，更有一次在山溪中迷失了，要报警！我每次都没有怪爸爸，因为我知道最难受的是爸爸本人，所以我会安慰他不要太在意，换成是我也可能会发生同样的意外。现在回想起来，也觉得自己很大胆，孩子交给爸爸带。但每一次意外，都增进了父子感情，最后变成一件好事。

妈妈一方面要带孩子，另一方面也要培养爸爸成为最佳的家长。爸爸不是帮你带孩子，是和你一起带孩子。因为孩子是你们两个人的爱情结晶，是夫妻共同的责任。

47 让孩子理解你的工作

当爸爸妈妈要工作的时候，幼儿期的孩子多数都是交给照顾者，所以有很多小朋友没有机会见识爸爸妈妈的工作。在外国，有很多企业都会在一年内选择一天，让孩子来到爸爸妈妈工作的地方，了解他们在家庭以外的生活。这是非常好的活动。因为让孩子见到父母工作的地方，见到父母工作的伙伴，会在他们的脑袋里建立一个场景，那么即使他们见不到你，也能够想象你在哪里工作，和什么人在一起，他们等待你回家时也觉得安心。如果幼儿期的孩子无法想象你出门之后，就好像你去了一个完全陌生的地方，会令他们感到不安。

若你的职场空间不能带小孩子去，你也可以拍照或拍一段短片，向孩子介绍你工作的地方。虽然孩子还小，你仍然可以解释你的工作，这份工作有什么意义，你在职场交了什么朋友，在哪里吃饭、哪里休息。这些情报对小孩子来说都是定心剂，让他们知道妈妈不在身边的时候，妈妈的世界是如何的。

当我生完孩子回到工作岗位时，会带他们去看我工作的地方。因为我是艺人，工作的地方并不是不能去。因此孩子都明白我的工作状况，到他们一岁半断奶之后，我就把他们交给照顾者。但因为他们明白我在哪里工作，所以分开的时候并没有太大抗拒。我希望有工作的家长们都能够尽力解释你的工作让小孩子知道，让他们能够安心地盼望你回家。

48　创造一个不会完结的故事

孩子小时候，我和丈夫每晚都会为他们讲故事。丈夫创作的故事是笑话类型的，主人公叫"放屁太郎"，他是一个古怪的英雄，会用"放屁"来打败欺负小朋友的坏人。他会吃很多番薯，放出来的屁臭得像毒气一样，而且喷射的威力非常大，坏人不是被臭得晕倒，就是被屁吹倒。每次说到"放屁太郎"放屁的时候，孩子都会笑到弯着腰，全家人都笑出眼泪来。这个故事不会完结，每晚孩子都要求爸爸说新的故事。爸爸会说："好，那么你们每人提出一样想听的东西，那东西就会在故事里面出现。"孩子简直是开心到疯狂，各自选择自己希望在故事中听到的东西，譬如大儿子说"苹果"，二儿子说"猴子"，三儿子说"书包"。那么很神奇的是，当晚的故事里就会出现这三样东西，孩子们每一次都非常兴奋。这种交流方式令父子关系很好，而且孩子们每晚都很开心，所有烦恼都能够忘记。

我也会跟孩子们说我创作的不会完结的故事。我的故事叫"企鹅妈妈"，小企鹅迷路了，企鹅妈妈出发到全世界去找小企鹅，到过印度、英国、夏威夷、非洲、泰国等很多地方，每一次都会遇到很多惊险的事。每次差不多找到小企鹅，又突然会发生问题。企鹅妈妈每次遇到危险，孩子们就会瞪大眼睛，很紧张，害怕企鹅妈妈有不幸，又希望她能够找到小企鹅。他们也非常喜欢这个故事，而且我可以把各国的风土人情、历史文化带进企鹅妈妈的冒险中，令故事非常丰富。孩子会提议："企鹅妈妈会去巴黎吗？"那我就会说："好，那她这次去巴黎。"有自己的参与，令他们听得更加津津有味。

创作没完没了的故事给孩子听，可以启发他们的想象力。相信在每一个孩子的脑袋中，"放屁太郎"和"企鹅妈妈"都是不同模样的，那是他们独自的幻想世界。因为故事是口述的，没有图画也没有文字，孩子能完全自由地幻想。

　　因为故事没有完结，所以可以永远讲下去，随着孩子的成长提升内涵。孩子现在还记得每天晚上听爸爸妈妈讲故事的时候，多么快乐，多么幸福。现在他们提起"放屁太郎"仍会大笑，谈起"企鹅妈妈"还记得如何从中学到了很多世界上不同国家的事情。

　　从幼儿期开始，就可以为孩子构建一个只属于他们自己的幻想世界。我鼓励家长创作你和孩子的故事，一个只属于你和孩子的创作，令孩子感到幸福和归属感。

图书在版编目（CIP）数据

成长里程碑：48个一至三岁育儿指南 / （英）陈美
龄著. -- 上海：上海三联书店，2025．1． -- ISBN
978-7-5426-8777-7

Ⅰ．TS976.31-62
中国国家版本馆CIP数据核字第20242F78Y3号

成长里程碑：48个一至三岁育儿指南

著　　者 / 陈美龄
责任编辑 / 张静乔
特约编辑 / 职　烨
装帧设计 / 徐　徐
监　　制 / 姚　军
责任校对 / 王凌霄

出版发行 / 上海三联书店
　　　　　　（200041）中国上海市静安区威海路755号30楼
邮　　箱 / sdxsanlian@sina.com
联系电话 / 编辑部：021-22895517
　　　　　　发行部：021-22895559
印　　刷 / 上海盛通时代印刷有限公司

版　　次 / 2025年1月第1版
印　　次 / 2025年1月第1次印刷
开　　本 / 787mm×1092mm　1/32
字　　数 / 65千字
印　　张 / 4.5
书　　号 / ISBN 978-7-5426-8777-7/TS·67
定　　价 / 35.00元

敬启读者，如本书有印装质量问题，请与印刷厂联系021-37910000